Ansible
構築・運用ガイドブック
インフラ自動化のための現場のノウハウ

八木澤健人 (ひよこ大佐) 著

●本書のサポートサイト
　本書の補足情報、訂正情報などを掲載します。適宜ご参照ください。
　https://book.mynavi.jp/supportsite/detail/9784839969387.html

●本書は2019年10月段階での情報に基づいて執筆されています。

●本書に登場する製品やソフトウェア、サービスのバージョン、画面、機能、URL、製品
　のスペックなどの情報は、すべて原稿執筆時点でのものです。執筆以降に変更になって
　いる場合があります。

●本書に記載された内容は、情報の提供のみを目的としております。したがって、本書を
　用いての運用はすべてお客さま自身の責任と判断において行ってください。

●本書の制作にあたっては正確な記述につとめましたが、著者や出版社のいずれも、本書
　の内容に関して何らかの保証をするものではなく、内容に関するいかなる運用結果につ
　いても一切の責任を負いません。あらかじめ、ご了承ください。

●本書中の会社名や商品名は、該当する各社の商標または登録商標です。また、本書中で
　は™および®マークは省略しています。

はじめに

Ansibleがこの世に登場してから、7年が経ちました。ITインフラの自動化の重要性は多くの企業で喧伝されているものの、現場のエンジニアに浸透しなかったり、上層部の理解を得られなかったりと、本格的な普及はまだまだこれからといったところです。

本書は、ITインフラの構成管理ツールである「Ansible」をなるべくわかりやすく解説したものです。でも、単なるモジュールのリファレンスでは意味がありません。

「これからAnsibleで自動化を始めたいけれど、どこから手を付ければいいかわからない」「Ansibleは実際に使っているけれど、どうすれば効果的に自動化できるのだろうか」といった声をよく耳にします。本書では、いまインフラ運用に悩むすべての方への道標となるようなトピックを厳選し、なるべく広範にわたってAnsibleを理解するための知識をつめこみました。

本書は執筆時点の最新版であるAnsible 2.8を前提に解説しています。Ansible 2.8では多くの新機能や変更点があるので、新しいバージョンでの変更点をキャッチアップしたい方にも最適です。もちろん、より新しいバージョンが登場しても通用する基礎知識も網羅しているので、これからAnsibleを始めたい初学者でも安心して学べます。第10章にはAnsibleのオーケストレーションツールである「AWX」のトピックも取り上げているので、より発展的な運用を検討されている方にも役立つ知識があるはずです。

本書を執筆するにあたり、レッドハット社内の有志をはじめ、たくさんの方にご協力をいただきました。また、私自身の想像を絶するだらしなさ、ルーズさによって執筆が滞りがちになりご迷惑をお掛けしつつも、最後まで編集を担当いただきましたマイナビ出版の西田雅典さんにも、この場を借りてお礼を申し上げます。そして執筆に集中できる環境を用意し、優しく、ときに厳しく、自分を支えてくれた妻に感謝します。

現在、ITインフラは激動の時代を迎えています。従来のスタティックなインフラはクラウドの登場によってダイナミックなインフラへと大きく舵を切り、「DevOps」「Infrastructure as Code」「CI/CD」などの新たなトレンドを取り入れるべく、「ITインフラの運用」という概念そのものが大きく変化しています。我々は、その変動の中心にいるわけです。

本書が、Ansibleを通じてインフラの課題を解決する道標となれば幸いです。

2019年11月

八木澤 健人 a.k.a. ひよこ大佐 (@hiyoko_taisa)

本書の構成

　本書では、10章に渡ってAnsibleとITインフラ自動化のためのトピックを解説しています。

　まず、第1章では、スタティックなITインフラとダイナミックなITインフラの違い、従来のITインフラの運用の問題に対してAnsibleがどのように役立つのかを説明しています。

　続く第2章では、Ansibleの概要とプレイブックやインベントリなどのAnsibleの構成要素（コンポーネント）について解説しています。Ansibleを学ぶにあたって最低限知っておく必要のある知識を厳選しました。

　第3章では、以降の章での学習のための演習環境の構築に利用する「VirtualBox」と「Vagrant」について説明します。これらのツールを活用することで、自分のPCの環境に影響を与えずに本書の演習を実行できるようになります。

　第4章では、作成した演習環境上でプレイブックを実行し、出力結果やエラーなどについて確認していきます。

　第5章から第7章までは、LinuxやWindows、ネットワーク機器などのさまざまな環境に対して、実際にプレイブックを実行しながら、その動きを確認していきます。演習環境を利用して実際のAnsibleによる自動化を体験することで、より実践的な知識を学ぶことができます。

　第8章では、IaaSなどのクラウド環境で利用できる「ダイナミックインベントリ」を解説します。ダイナミックなITインフラであるAWS EC2などの各種IaaS環境と、VMware vSphere上に存在する仮想マシンへの接続について説明します。

　第9章では、仮想のユースケースを元に、自動化のポイントやAnsible文化を社内に広めるための方法を説明しています。新しい技術を導入する際のノウハウは、Ansible以外のツールでも役に立つはずです。最後の第10章では、Ansibleのオーケストレーションツールである「AWX」を解説しています。

　なお、本書に登場する演習では、Windows 10上にVirtualBoxおよびVagrantをインストールし、仮想マシン上のCentOS 7に対して操作を実施することを前提としています。LinuxやmacOSなどの環境を使っている場合でも、それぞれのOS向けのVirtualBoxとVagrantをセットアップすることで、演習を実施することが可能です。

Contents

はじめに ･･･ iii

本書の構成 ･･･ iv

第1章 IT インフラストラクチャの課題と Ansible

1-1 従来の IT インフラが抱える問題 ･･････････････････････････ 002

1-1-1 スタティックな IT インフラの時代 ──────── 002

1-1-2 ダイナミックな IT インフラの台頭 ──────── 004

1-1-3 ダイナミックな IT インフラ運用の問題点 ──── 004

1-1-4 局所的自動化 ──────────────────── 005

1-2 Infrastructure as Code ･･･････････････････････････････ 007

1-2-1 Infrastructure as Code とは ──────────── 007

1-2-2 Infrastructure as Code を実践する ─────── 008

1-3 Ansible を導入するメリット ･･････････････････････････ 011

1-3-1 エージェントレス ──────────────── 011

1-3-2 YAML による学習コストの低い Playbook ───── 012

1-3-3 多種多様な環境に対応 ──────────────── 013

1-3-4 冪等性が担保される ──────────────── 013

第2章 Ansible の概要とアーキテクチャ

2-1 Ansible とは ･･･ 016

2-1-1 Ansible の概要 ──────────────────── 016

2-1-2 Ansible の動作要件 ──────────────── 017

2-2 Ansible のコンポーネント ･･････････････････････････････ 019

2-2-1 プレイブック（Playbook）──────────── 019

2-2-2	インベントリ（Inventory）	031
2-2-3	モジュール（Module）	036
2-2-4	プラグイン（Plugin）	038
2-2-5	ロール（Role）	043

第3章 実行環境の準備

3-1	VirtualBoxのインストール	048
	3-1-1　インストーラーのダウンロードとインストール	048
3-2	Vagrantのインストール	053
	3-2-1　Vagrantのダウンロード	053
	3-2-2　Vagrant Boxの起動	058
	3-2-3　Ansibleのインストール	059
	3-2-4　Vagrantの停止と削除	060

第4章 Ansibleを実行してみよう

4-1	Adhocコマンドの実行	064
4-2	ansible-playbookコマンドの実行	066
	4-2-1　実行準備	066
	4-2-2　プレイブックを実行する	068
4-3	PLAY RECAPを見てみよう	072
	4-3-1　Rescued／Skipped／gnored	072
4-4	エラーを読み解いてみよう	075
	4-4-1　接続エラー（Unreachable）	075
	4-4-2　文法エラー（Syntax Error）	076
	4-4-3　エラーを回避する	077

vii

Contents

第5章 Linuxサーバーを自動化してみよう

5-1 検証環境の構築 ……………………………………………………… 084

5-1-1 仮想マシンの起動 ――――――――――――――――― 084

5-1-2 インベントリの作成 ――――――――――――――――― 086

5-1-3 プレイブックの作成 ――――――――――――――――― 087

5-2 プレイブックを実行してみよう ……………………………………… 092

5-3 ロールに分割する ……………………………………………………… 094

5-3-1 ロールに分割するメリット ―――――――――――――― 094

5-3-2 プレイブックをロールに分割する ――――――――――― 094

5-3-3 ロールの汎用性を高める ―――――――――――――――― 096

5-4 監視サーバー（Zabbix）を構築する ……………………………… 098

5-4-1 Zabbixとは ――――――――――――――――――――― 098

5-4-2 プレイブックの作成 ―――――――――――――――――― 099

5-4-3 プレイブックの実行とZabbixの初期設定 ――――――― 109

5-5 監視サーバー（Zabbix）にホストを追加する ………………… 115

5-5-1 プレイブックの作成 ―――――――――――――――――― 115

5-5-2 プレイブックの実行 ―――――――――――――――――― 118

5-6 Ansible Vaultを活用する ………………………………………… 121

第6章 Windows Serverを自動化してみよう

6-1 検証環境の構築 ……………………………………………………… 124

6-2 接続してみよう ……………………………………………………… 125

6-2-1 事前準備 ――――――――――――――――――――― 125

6-2-2 認証方式 ――――――――――――――――――――― 128

6-2-3 接続する ――――――――――――――――――――― 134

6-3 Windowsでよく使うモジュール …………………………………… 136

6-3-1 win_feature：Windowsの役割と機能を管理する ――― 136

6-3-2 win_chocolatey：Chocolateyを利用してパッケージを

インストールする ――――――――――――――――――― 137

viii

Contents

6-3-3　win_updates：Windows Updateを実行する ————— 138

6-3-4　win_hotfix：Windowsの修正パッチ（Hotfix）を適用する ————— 139

6-3-5　win_user：ローカルユーザーを管理する ————— 139

6-3-6　win_domain_user：ドメインユーザーを管理する ————— 140

6-4　Windowsホストのドメイン参加を自動化する ················· 143

6-4-1　win_domain_membership：ドメインやワークグループへ
ホストを追加する ————— 143

第7章　ネットワーク機器を管理してみよう

7-1　ネットワーク機器の自動化 ···························· 146

7-2　ネットワーク向けのコネクションプラグイン ················ 148

7-3　ネットワークモジュール ···························· 154

7-3-1　Cisco IOS向けのモジュール ————— 154

7-3-2　Juniper Junos向けのモジュール ————— 156

7-4　ネットワークモジュールを検証する ···················· 158

7-4-1　インターフェイスを設定する ————— 160

7-4-2　ファイアウォールのルールを設定する ————— 162

7-4-3　コンフィグのバックアップを取得する ————— 167

第8章　クラウド上のリソースを管理してみよう

8-1　Ansibleによるクラウドの管理 ························· 172

8-1-1　ダイナミックインベントリ ————— 172

8-2　AWSを管理してみよう ····························· 174

8-2-1　AWSのダイナミックインベントリの設定 ————— 175

8-2-2　インスタンスを作成する ————— 177

8-2-3　インスタンスに接続する ————— 183

8-2-4　ダイナミックインベントリを活用する ————— 184

8-2-5　ダイナミックインベントリの設定を変更する ————— 185

ix

8-2-6　CloudFormation ／ Terraform と連携する ————————— 187

8-3　Azure を管理してみよう 188

8-3-1　ダイナミックインベントリの設定 ————————————— 188

8-3-2　仮想マシンを作成する ————————————————— 190

8-3-3　仮想マシンに接続する ————————————————— 195

8-3-4　ダイナミックインベントリを活用する ——————————— 195

8-4　GCP を管理してみよう 197

8-4-1　ダイナミックインベントリの設定 ————————————— 198

8-4-2　インスタンスを作成する ———————————————— 201

8-4-3　インスタンスに接続する ———————————————— 203

8-4-4　ダイナミックインベントリを活用する ——————————— 204

8-4-5　ダダイナミックインベントリの設定を変更する ——————— 205

8-5　vShpere を管理してみよう 206

8-5-1　ダイナミックインベントリの設定 ————————————— 206

8-5-2　ダイナミックインベントリを活用する ——————————— 207

8-5-3　ダイナミックインベントリの設定を変更する ——————— 207

第9章　実践的な環境で使ってみよう

9-1　Windows Server 中心の社内システムの自動化 210

9-1-1　背景 ————————————————————————— 210

9-1-2　自動化の目的 ————————————————————— 211

9-1-3　運用タスクの洗い出し ————————————————— 211

9-1-4　プレイブックの作成 —————————————————— 212

9-2　仮想化基盤の自動化 216

9-2-1　背景 ————————————————————————— 216

9-2-2　自動化の目的の確認 —————————————————— 216

9-2-3　タスクの洗い出し ——————————————————— 218

9-2-4　プレイブックの作成 —————————————————— 218

9-3　テストの自動化 220

9-3-1　背景 ————————————————————————— 220

9-3-2	自動化の目的	220
9-3-3	タスクの洗い出し	220
9-3-4	プレイブックの作成	221

9-4　Ansible による自動化を進めるためのアイデア ·································· 230

9-4-1	Ansible の導入を阻むもの	230
9-4-2	Ansible の輪を拡げるために	231

第10章 AWX（Ansible Tower）を使ってみよう

10-1　AWXの概要 ·· 236

10-2　AWXをインストールしてみよう ·· 237

10-2-1	動作環境	237
10-2-2	AWXのインストール	238
10-2-3	AWXのダッシュボード	241
10-2-4	プロジェクトの設定	243
10-2-5	インベントリの設定	247
10-2-6	認証情報	250

第 1 章

ITインフラストラクチャの課題とAnsible

本章では、Ansibleによる自動化のメリットと、「Infrastructure as Code」というITインフラ運用に対する考え方について解説します。「Ansibleの本なのに、なぜ考え方とか抽象的な話が出てくるんだろう」と思う人もいるかもしれませんが、Ansibleを正しく効率的に使うためには、「なぜ従来の手法ではダメなのか」「なぜAnsibleで自動化する必要があるのか」をしっかりと理解しておく必要があります。Ansible自体については第2章で解説しているので、「Infrastructure as Codeなんてもう知ってるよ！」という場合は、読み飛ばしてもよいでしょう。

1-1
従来のITインフラが抱える問題

1-1-1 スタティックなITインフラの時代

　「ITインフラ」と聞いて、何を思い浮かべるでしょうか。データセンターのサーバーラックに整然と並ぶ機器たちでしょうか。クラウド上に存在する仮想のインスタンス群でしょうか。それとも、もっと別のものでしょうか。

　現在ではITインフラの多様化が進み、さまざまな形態が存在しています。従来からのベアメタルなサーバーに加え、**VMware vSphere**や**KVM**などのサーバー仮想化技術の台頭、**Amazon EC2**を始めとする**IaaS**や**PaaS**などを含めたクラウドサービスなど、もはや一口にITインフラを定義することは難しい状況です。

　かつて、ITインフラの構築は一大プロジェクトであり、機器の選定から始まり、環境の構築とテスト、リリースまで、膨大な時間がかかるのが当たり前でした。たくさんの人員とリソースを費やし、気の遠くなるような課題とタスクの山を乗り越えたのちに完成するものだったのです。

　また、従来のITインフラは5年以上運用されるのが当たり前で、短いスパンで構成が変化することは稀でした。こういった「**スタティックなITインフラ**」の運用は、厳格な手順書、そしてエンジニアの経験に基づく職人技によって品質が維持されていました。現在でも、こういったレガシーなシステムは世の中に多数存在しています。

　ITインフラのライフサイクルでは、システム運用はそのほとんどを占める重要な要素です。サービスインから停止するまで、定期的な設定変更作業や監視、緊急時の障害対応など、ITインフラにおいて、システム運用は切り離せない必要不可欠なものです。しかしながら、そのほとんどは手作業に頼っているのが現状です。エンジニアはSSH経由で接続してサーバー上で作業したり、場合によってはデータセンターに直接赴いたりして対応にあたります。

　運用作業には多くの時間と労力がかかります。サービスの設計当初では想定していなかったような問題や未知のバグが発生したり、ソフトウェアアップデートによってアプリケーションが動作しなくなったり、ハードウェアそのものが故障したりする場合もあります。こうしたさまざまなトラブルに対処してシステムを安定稼働させるためには、運用作業そのものの効率化が欠かせません。

スタティックなITインフラ運用の問題点

　システム運用が重要であることを説明しましたが、従来のシステム運用においては、システムの品質を損なう可能性のある問題が慢性的に存在しています。その多くは、手作業に起因するもの、そして長年同じ環境に対して継ぎ足しに継ぎ足しを重ねた「**うなぎの秘伝のタレ**」運用を続けていることに起因します。1つずつ、問題点を見ていきましょう。

1-1　従来のITインフラが抱える問題

●ヒューマンエラー

　誰しも作業ミスをしてしまった経験があるでしょう。configファイルの記述を誤ったり、検証環境のはずが本番環境のサーバーを再起動してしまったりと、軽微なものから致命的なものまで、エンジニアであれば、このようなミスを経験したことがあるはずです。

　手作業を前提としたシステム運用は、多くの問題を引き起こします。なぜなら、人間は必ずどこかでミスをする可能性が存在するからです。「マーフィーの法則」[1] として知られているように、ミスをする可能性があれば、それは必ず起こります。これは、その人の性格や能力などとは関係なく、人間としての特性の問題です。人間が人間である以上、どんなベテランエンジニアであってもヒューマンエラーが発生する可能性は排除できません。

●レガシーなサーバーの存在

　古くから存在するシステムの運用は、管理者にとってもっとも頭を悩ませる問題かもしれません。はるか昔から稼働しているサーバーの構成がきちんと管理されていることのほうが稀で、多くはドキュメントと実機の設定内容が乖離しており、ドキュメントが存在すらしないということもあります。遠い昔に構築されたサーバーの構成が、新しく着任した運用担当者に社内で正しく引き継がれているなんてことは、まったく期待できないでしょう。

　もはやその中身がどうなっているのか誰も把握しておらず、うかつに触ることもできないような代物は、運用上のリスクでしかありません。このようなシステムには透明性がないため、管理が非常に困難になってしまいます。

●うなぎのタレ運用

　スタティックなITインフラは、用途によっては寿命が10年を超えるようなものもあります。そのような古くから存在するシステムには多くの変更が加えられ、構築当初の状態とは大きく変化しています。これには、日々のアップデートや設定変更、ヒューマンエラーによる意図しない変更など、多くの要因が関係しています。これらのサーバーは再構築することも不可能なため、一度壊れてしまえば修復するのは至難の業です。老舗のうなぎ屋さんの「秘伝のタレ」のごとく、積み重なる細かな変更によって味（環境）は変化し、その状態をゼロから再現することはほとんど不可能なのです。

　また、こういった「うなぎのタレ」運用を続けてきたサーバーは、各ミドルウェアやライブラリの依存関係が複雑になり、システム全体の構成を把握することが難しくなります。そうなると、システム運用の現場で帳尻を合わせて対処する必要があるために、手順も煩雑になり、前述したヒューマンエラーも発生しやすくなります。そして、自動化そのものが非常に困難になるので、手作業での変更を加えていくことになります。手作業での変更を積み重ねることで、さらに自動化がしづらくなる「負のループ」が発生してしまいます。

※1　「失敗する余地があるなら、人は必ず失敗する」「落としたトーストがバターを塗った面を下にして着地する確率は、カーペットの値段に比例する」といった経験則をまとめたもの。
　　　https://ja.wikipedia.org/wiki/マーフィーの法則

スタティックなITインフラが主の場合、こういった課題に対する対策に頭を悩ませています。では、新たなインフラの形態である「**ダイナミックなITインフラ**」とは、どういったものなのでしょうか。

1-1-2 ダイナミックなITインフラの台頭

従来のスタティックなITインフラは、サーバー仮想化技術の登場により大きく変化しました。1台のサーバー上に複数の仮想サーバーを構築することが当たり前になり、管理すべきサーバーは飛躍的に増大しました。

そして、クラウドの登場によって、この傾向はさらに顕著になっていきます。サーバーインスタンスを一瞬でデプロイすることが可能になり、ワークロードに応じてインスタンスを増減させることが当たり前になりました。たとえば、AWS上で大量のEC2インスタンスを作成し、突発的なアクセス増加などによる高負荷が発生した場合は**Auto Scaling**で自動的にインスタンスを追加でデプロイし、通常状態に収束すると追加したインスタンスを停止させるような運用も可能です。このような運用は、従来のスタティックなITインフラでは難しかった方法です。また、REST APIから簡単に各インスタンスのステータスを取得したりといったように、今までのITインフラの概念を覆す先進的な運用が可能になりました。

とはいえ、世の中のインフラすべてが、クラウド上のシステムに置き換わったわけではありません。社内システムなどの古くから運用してきたスタティックなITインフラと、新たにクラウドに移行したダイナミックなITインフラの両方が存在するハイブリッドな構成である企業がほとんどでしょう。このような場合、変化が少ないために高い可用性を求められるスタティックなシステムを維持しながら、ダイナミックに変動する新しいシステムも同時に運用する必要があり、管理者は両方の性質の違いを認識しながら適切な運用を考えなければなりません。

こういったITインフラを取り巻く大変動により、従来の運用手法では工数を抑えながらサービス品質を維持することが困難になってきました。

1-1-3 ダイナミックなITインフラ運用の問題点

ここまで紹介してきたダイナミックなITインフラは、従来とは異なる形態のものです。そのため、従来の運用上の問題とは別に、その特性に起因する問題が存在します。

ダイナミックに増減する管理対象

ダイナミックなITインフラでは、存在するインスタンスの数や環境が常に変化します。そのため、従来のような手順書やパラメーターシートのようなドキュメントに基づく人間をベースとした管理は、もはや不可能といっても過言ではありません。

膨大なインスタンスの中で、どのインスタンスが存在し、何に対して作業を実施する必要があるのかを管理者は正確に把握しなければなりません。ゲームプラットフォームや大規模なサービスでは、1万を超えるインスタンスが存在するケースもあります。こうした巨大かつ常に変動するITインフラを、人力で適切に管理することは非常に困難です。そのため、適切な自動化によって作業負担を減らすことが必須となります。

1-1-4 局所的自動化

システム運用には、OSやミドルウェアのセットアップ、設定の変更、監視設定やテストなど、必ず発生する一連の作業があります。たとえば、Webサーバーの構築を考えてみましょう。3台のWebサーバーをセットアップする際に、まったく同じ環境を手作業で構築するのは簡単ではありません。前述したように、エンジニアのスキルや個人の性格とは関係なく、人間が作業する以上はどんなに注意深くても必ずミスが入り込む可能性があるからです。

これらのすべての作業を手動で行うのは非効率的なので、作業の一部を自動化する試みが常に行われてきました。

スクリプトによる自動化

これまでITインフラで行われてきた自動化は、**局所的な自動化**が中心でした。つまり、シェルスクリプトなどによる運用作業の一部分を自動化する試みです。設定ファイルの変更やOSの共通する変更点など、定型化された特定の作業をシェルスクリプトや**Tera Term**マクロなどで自動化します。それにより、作業の効率化とヒューマンエラーの抑止を実現できます。次のような**Nginx**パッケージのアップデートを実行するシェルスクリプトを例に考えてみましょう。

▶ **リスト1-1** Nginxパッケージをアップデートするシェルスクリプト

```
#!/usr/bin/bash

echo "Updating Nginx Package"
yum update nginx -y

if [ $? -gt 0 ]; then
    echo "Update Failed!"
fi
```

このスクリプト自体はシンプルで、何の問題もありません。こうしたスクリプトを利用することで、日々の運用作業を効率化している運用担当者も多いでしょう。しかし、こうしたスクリプトを多用した局所的な自動化がシステムのあちこちで使われるようになると、さまざまな問題を引き起こします。

●冪等性が担保されない

「冪等性」とは、**「ある操作を何度実行しても同じ結果となる性質」**を意味しています。スクリプト側で意識しない限り、冪等性は担保されません。たとえば、特定の設定ファイルに1行追記するスクリプトがあったとして、1度実行したあとで、誤って再度そのスクリプトを実行してしまったとしましょう。スクリプト側でその可能性を考慮した対応が行われていなければ、設定ファイルには2行追記されることになります。これにより、予期せず環境を破壊してしまうことがあります。

そして、冪等性をスクリプト側で担保しようとすると、非常に多くの要素を考慮する必要があり、スクリプトが冗長になっていきます。そうすると、スクリプトの改修にも多くの時間がかかることになり、自動化のハードルが非常に高くなってしまいます。

Column 冪等性

「冪等性」は、本来は数学用語です。ある操作を1回行っても複数回行っても結果が変化しないことを指します。そこから、情報工学においても同様の性質を冪等性と呼ぶようになりました。初めて聞くと非常に難解に聞こえるかもしれませんが、その性質自体は非常にシンプルです。**Ansible** や **Infrastructure as Code** の話では、「冪等性」という単語が頻出するので、この機会に覚えておきましょう。

●ガラパゴス化するスクリプト

ほとんどの場合、こういったスクリプトによる局所的自動化は現場の必要に応じて作成され、部門内やチーム内といった狭い範囲で個別に運用されています。その結果、各サーバーのパッチ適用といった似たようなスクリプトが各部門でゼロから作られてしまったり、特定の環境でしか動かず、システムが変更されるたびに作り直さなければならない再利用性のないスクリプトが大量に作られてしまいます。

また、システムごとにバラバラの自動化手法が採り入れられていると、システム運用者は「どのスクリプトがどの環境に適用できるのか」を常に確認しながら作業しなければなりません。古いスクリプトや別環境向けのスクリプトを実行してしまったために環境が破壊されてしまう可能性もあるからです。

このような局所的な自動化は、一見すると効率化に成功したように思えますが、場当たり的な補修を積み重ねたシステムは非常に見通しが悪くなり、前述した「うなぎのタレ」運用が常態化します。その結果、運用に余計なコストや手間がかかることになりがちです。効率化するために自動化したのに、そのせいで余計に手間がかかってしまっては本末転倒です。

もちろん、前述したように、シンプルな作業をシェルスクリプトで自動化すること自体は何の問題もありません。問題の本質は、前述のような局所的な自動化を実現するためのスクリプトだらけになったり、スクリプトが複雑化することで運用コストが増大してしまうことにあります。

では、我々はどうすればよいのでしょうか。

1 - 2
Infrastructure as Code

ここでは、「**Infrastructure as Code**」という、インフラ運用に対する「1つの考え方」を紹介します。これは、前述したシステム運用の課題に対する解決策として機能するかもしれませんが、必ずしもAnsibleを使う上で必須ではありません。「とにかく今すぐAnsibleを使いたい」という場合には、このセクションを読み飛ばしても構いません。

1-2-1 Infrastructure as Codeとは

Infrastructure as Codeは、直訳すれば「コードとして定義されたインフラ」という意味になります。つまり、従来のように「エンジニアが手順書と実際の設定値を参照しながら手作業で設定する」のではなく、「サーバーの環境そのものをコードとして定義し、ツールで自動的に設定する」という考え方です。

▼表1-1　従来のシステムとInfrastructure as Code

手法	インフラ定義・管理	設定変更者
従来	パラメーターシートなどの文書	手作業・スクリプト
Infrastructure as Code	構成を定義したコード	構成管理ツール

Infrastructure as Codeを単純に「自動化すること」と誤解してしまうことがありますが、そうではありません。Infrastructure as Codeの本質は「**インフラをコードで定義する**」ことにあります。そして、コードで定義したインフラを現実世界に反映させるために「構成管理ツールによる自動化」が存在しています。自動化は、Infrastructure as Codeの考え方においては、それを実現するための手段ではありますが、目的ではありません。単に自動化したからといって「Infrastcuture as Codeを実践している」とはいえないのです。

では、実際にコードとしてインフラを定義することで、どのような利点があるのかを見ていきましょう。

ソフトウェア開発者が実施しているような効率的な品質管理を適用できる

ソフトウェアの開発プロセスでは、設計、コーディング、テスト、リリースというサイクルで開発を進めていきます。ソフトウェア開発の世界では、これらのプロセスを早い段階から自動化し、プロセスの効率化や品質改善に役立ててきました。実際に多くのソフトウェア開発の現場で**Git**に代表されるようなバージョン管理ツール、**Jenkins**や**CircleCI**などの「継続的インテグレーション」

（Continuous Integration：CI）のためのツールが導入されています。

インフラがコード化されると、このようなソフトウェア開発の世界で培われてきた手法をインフラ管理に適用できます。それにより、インフラに対する変更を**Git**で管理できるようになったり、前述したCIツールとの連携ができるようになります。こういった取り組みは**DevOps**のような開発と運用の融合といった近年のトレンドにもマッチします。**DevOps**については、それを専門に取り上げた良書が多数存在する[2]ので、ここでは詳細な説明は省略しますが、このような考え方が浸透することで、柔軟かつ品質の高いインフラを効率的に管理できます。

システムの透明性が高まる

従来のパラメーターシートなどによるドキュメントベースでのITインフラ管理は、人間の手で変更を管理する必要があります。ITインフラをコードで定義し、すべての変更をコード上で実行することで、ITインフラに対しての変更や現在の状況を把握しやすくなります。

1-2-2　Infrastructure as Codeを実践する

Infrastructure as Codeは、それ自体を取り上げた専門書籍が存在するほど奥が深い[3]ため、ここでは概要を紹介するにとどめ、Infrastructure as Codeを実践するためのツールに焦点をあてて解説していきます。

Infrastructure as Codeを実際のインフラで実践するためには、次のようなツールが必要になります。

Gitなどのバージョン管理システム（VCS）

バージョン管理システムを使うことで、インフラに対する変更の管理や差分の比較が容易になり、変更したのが誰なのかをすぐに確認できます。また、**GitHub**や**GitLab**などのGitホスティングサービスを活用することで、チーム内でのインフラの課題管理や変更点のレビューといったコラボレーションが容易になります。

継続的インテグレーション（CI）や継続的デリバリー（CD）を実現するツール

継続的インテグレーションとは、端的に説明すると「より頻繁にコードの変更をリポジトリに適用し、自動的にコードをビルド・テストする仕組み」です。つまり、コードに対して変更が発生するたびに、自動的にVMやコンテナを生成し、その上でコードを実行して、事前に設定したテスト

---

[2] 『LeanとDevOpsの科学』（Nicole Forsgren Ph.D、Gene Kim、Jez Humble 著／武舍 るみ、武舍 広幸 訳／2018年11月／インプレス／ISBN978-4-295-00490-5）、『Effective DevOps』（Jennifer Davis、Ryn Daniels 著／吉羽 龍太郎 監修／長尾 高弘 訳／2018年3月／オライリー／ISBN978-4-87311-835-2）など

[3] 『Infrastructure as Code』（Kief Morris 著／宮下 剛輔 監訳／長尾 高弘 訳／2017年3月／オライリー／ISBN978-4-87311-796-6）など

を通過するかを機械的に確認します。

「継続的デリバリー」(Continuous Delivery：CD)は、CIの考え方を拡張したもので、CIが「コードの変更、ビルド、テスト」までを自動で適用するものだったのに対して、CDは「コードの変更、ビルド、テスト、ステージング環境へのデプロイ」までを自動的に適用する仕組みです

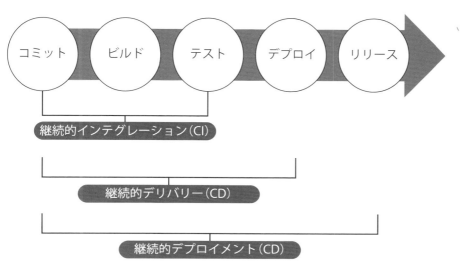

▲図1-1　CIとCDの関係

ダイナミックなITインフラに対する変更からテスト、さらにはデプロイまでを自動化することで、より短い期間で実際の環境に変更を適用できるようになります。

> **Column**　「継続的デリバリー」と「継続的デプロイメント」の違い
>
> 　継続的デリバリーは、ステージング環境へのデプロイまでを取り扱うものです。ステージング環境にデプロイされたものを運用者が確認し、問題がなければ本番環境にリリースします。
> 　継続的デプロイメントは、さらに一歩進んだ考え方で、継続的デリバリーに含まれる範囲に加えて本番環境へのリリースまでを自動的に実行します。両者はどちらも略語が「CD」であるため紛らわしいのですが、次のように覚えるとよいでしょう。
>
> ・継続的デリバリー：ステージング環境へのデプロイまで
> ・継続的デプロイメント：本番環境へのリリースまで

自動構成管理ツール

Ansibleは「自動構成管理ツール」の1つです。コードとして定義された「Playbook」（第2章で解説）を実際のインフラに適用する役割を担います。Infrastructure as Codeでは、手作業でITインフラを構築していくことはせず、Ansibleのような自動構成管理ツールを使って実際の変更をシステムに適用します。

ここまで、Infrastructure as Codeの基本的な構成要素を解説しましたが、「なんだか大掛かりで難しそう」という印象を持ったかもしれません。Infrastructure as Codeを厳密に実践するためにはシステム運用そのものを抜本的に見直す必要がありますが、Ansibleを使う上では必須ではないので安心してください。

まずは、小さな自動化から始めてみましょう。もちろん、Ansibleの持つポテンシャルを最大限に発揮させるには、Infrastructure as Codeを実践することが一番の近道です。しかし、今すぐ社内のすべてのシステム運用を変えることは、もちろん不可能です。難しく考えなくても、Ansibleはとても簡単かつシンプルに自動化を実現できます。「こんな考え方があるんだな」と頭の片隅に留めておけば充分です。無理をせず、1つずつ先へ進んでいきましょう。

1-3 Ansibleを導入するメリット

　Ansibleが自動構成管理ツールの1つであることは前項で説明しました。自動構成管理ツールには、さまざまなものが存在します。本書で取り上げるAnsible以外にも次のようなツールが有名です。

- Chef
- Puppet
- Terraform

　では、Ansibleはこれらのツールと比較して、どのような利点があるのでしょうか。

1-3-1 エージェントレス

　Ansibleの利点として最初に挙げられるのは、「**エージェントレスである**」という特徴です。エージェントとは、管理対象の機器に常駐させるプログラムを指します。

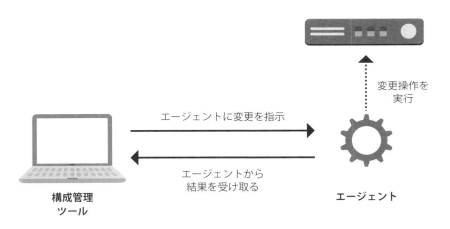

▲図1-2　自動構成ツールのエージェントプログラム

　図1-2のように、構成管理ツールは管理対象の機器に接続し、常駐しているエージェントに構成を変更するための指示を出します。エージェントは、機器に対して変更操作を実行し、実行結果を構成管理ツールに報告します。

第1章　ITインフラストラクチャの課題とAnsible

　一見すると特に問題はなさそうです。しかし、新規にデプロイした環境にエージェントを導入する方法を考慮する必要があったり、システムのセキュリティ要件などの理由でエージェントのインストールが難しい場合もあります。不具合の修正や、脆弱性対策などで定期的なエージェント自体のバージョンアップが必要となるなど、運用面でも手間が増えます。

　Ansibleの場合はエージェントを必要としないため、SSH[※4]で接続することができれば管理が可能です。つまり、自動化する際のハードルが非常に低いこともAnsibleの魅力です。

1-3-2　YAMLによる学習コストの低いPlaybook

　後ほど説明しますが、Ansibleにおけるインフラ構成を定義するPlaybookは「YAML」と呼ばれる形式で記述されています。YAMLは、他の形式と比較して可読性が高く、低い学習コストで文法を習得できます。

　実際にPlaybookのサンプルを見てみましょう。

▶ **リスト1-2　Nginxをインストール・バージョンアップするPlaybook**

```
- hosts: web
  remote_user: root
  tasks:
  - name: update Nginx to latest version
    yum:
      name: nginx
      state: latest
```

　このPlaybookは、WebサーバーにNginxがインストールされていなければ、yumを利用してパッケージをインストールし、インストール済みでも最新版でない場合は最新版に更新するというものです。初めてPlaybookを読んだとしても、比較的理解しやすい構造でしょう。実際のPlaybookについては、第2章以降でたくさん解説するので、ここでは「こんなものか」と思ってもらえれば充分です。

　また、**Jinja2**を採用していることで、非常に強力かつ柔軟な記述ができるのも利点の1つです。Jinja2とは、Pythonのテンプレートエンジンの1つです。Jinja2の記法については、第2章で詳細に解説します。

※4　ここでは例としてSSHを挙げていますが、Windows環境ではWinRMを使うなど、環境に応じて別の方式で接続することもあります。

1-3-3 多種多様な環境に対応

Ansibleは、Linuxサーバーの管理だけではなく、CiscoやJuniperを始めとするネットワーク機器、Windowsまでも管理することが可能です。つまり、環境の違いを意識することなく、統一された手法でインフラに対する変更作業を自動化できるわけです。このように、自動化するためのモジュールに多くの選択肢があることがAnsibleの大きな魅力です。

たとえば、せっかく社内のLinux環境をAnsibleで自動化したのに、ネットワーク機器はSSHクライアントが提供するマクロ機能で自動化し、WindowsサーバーはPowerShellで……となってしまうと、それぞれの自動化手法を学ぶための学習コストや管理コストが発生してしまいます。

Ansibleであれば管理しなければならない環境の多くに対応できるため、新たに学ぶコストを最小限に抑えつつ、統一化された手法でインフラを管理できます。

1-3-4 冪等性が担保される

一部のモジュールを除き、多くのAnsibleモジュールが前項で説明した冪等性を保証する設計になっています。つまり、冪等性を保証するためのロジックを実装しなくても、ほとんどの場合ではAnsible側で同じ結果を保証してくれることになります。たとえば、前述したPlaybookのサンプルであれば、実行するたびに常にNginxが最新であることが保証されます。つまり、これを2回実行しても「このパッケージは最新である」と判断されるだけで、アップデートが再実行されることはありません。

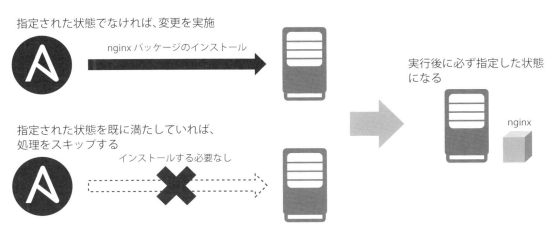

▲図1-3　自動構成ツールにより冪等性が担保される

このことは、Infrastructure as Codeの考え方を実現する自動構成管理ツールの基本的な要件であり、もちろんAnsibleはこれを満たしています。

Ansibleは非常に便利なツールですが、その利点を理解して正しく使ってこそ最大の効果を発揮します。また、これまで自動化ツールを使ったことがなかったとしても、少しの学習と検証ですぐに使い始めることができる強力なツールです。

次章からは、Ansibleの各機能やコンポーネントについて詳細に解説していきます。

Column

Ansibleの名前の由来

Ansibleという名前は、アーシュラ・K・ル＝グィンのSF小説『闇の左手』[5]などに登場する超高速通信技術が由来だといわれています。この概念は多くのSF作家の作品に影響を与え、映画化もされたオースン・スコット・カードのSF小説『エンダーのゲーム』[6]にも、**アンシブル**という超高速通信技術が登場し、宇宙船同士が**アンシブル**によって交信しあう様子が描かれています。多数のサーバーやネットワーク機器に接続し、シンプルかつ高速に設定変更を実現できるというのは、まさにAnsibleという名前がしっくりくるかもしれませんね。

※5 『闇の左手』（アーシュラ・K・ル・グィン 著／小尾 芙佐 訳／ 1977年7月／ハヤカワ文庫SF ／ ISBN978-4-15-010252-4）

※6 オ 『エンダーのゲーム 新訳版 上』（オースン・スコット・カード 著／田中 一江 訳／ 2013年11月／ハヤカワ文庫SF ／ ISBN978-4-15-011927-0）／『エンダーのゲーム 新訳版 下』（オースン・スコット・カード 著／田中 一江 訳／ 2013年11月／ハヤカワ文庫SF ／ ISBN978-4-15-011928-7）

第2章

Ansibleの概要とアーキテクチャ

本章では、Ansibleの概要とアーキテクチャについて説明します。また、プレイブックの構造やインベントリの書き方についても詳しく解説しています。
Ansibleはとても便利なツールですが、ツールは正しく使ってこそ最大の効果を発揮します。Ansibleで効率的な自動化を実現するには、Ansibleの仕組みをしっかりと理解することが大切です。

2-1 Ansibleとは

2-1-1 Ansibleの概要

　Ansibleは、Red Hat, Inc.とコミュニティが中心となって開発している自動構成管理ツールです。もともとはAnsible, Inc.が提供していましたが、2015年にRed Hatが買収し、Red Hatの製品の1つとして自動構成管理ツールの「**Ansible Engine**」およびオーケストレーションツールの「**Ansible Tower**」を提供しています。

　第1章で説明したように、自動構成管理ツールはITインフラの構成を管理します。具体的には、「こうあるべき」と**コード化されたインフラの情報**（Ansibleでは「Playbook」と呼んでいます）をもとに、対象機器（ターゲットホスト）の設定を自動で変更します。

　Ansible本体は**Python**で実装されており、Ansible内のモジュールやプラグインなどのほとんどのコンポーネントもPythonで記述されています。

　本書執筆時点のAnsibleの最新版は2.8ですが、頻繁に機能拡張や開発が進められている非常にアクティブなOSS（オープンソースソフトウェア）プロジェクトです。実際のAnsibleのコードは**GitHub**[※1]で公開されているので、誰でも入手することができ、またコミュニティの一員として開発にも参加できます。

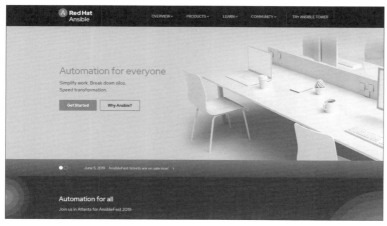

▲図2-1　Ansible公式サイト（https://www.ansible.com/）

※1　AnsibleのGitHubリポジトリ：https://github.com/ansible/ansible

AnsibleのPython 3対応状況

Pythonのバージョンとしては、「Python 2」と、言語仕様を含めて大幅に変更された「Python 3」の2つが使われています。Ansibleは、当初はPython 2で実装されていましたが、現在では主要なコンポーネントやモジュールはPython 3でも動作します。しかし、一部の古いモジュールはPython 3では動作しない場合もあるので、確認が必要です。

2-1-2 Ansibleの動作要件

Ansibleは、Linux（RHELやDebian、CentOS、Ubuntuなど）、BSD（FreeBSD、NetBSD、OpenBSD、DragonFly BSDなど）およびmacOSといったPythonが導入された環境で動作します。Ansibleそのものが動作するホストを「**コントロールノード**」、Ansibleを使って自動化する対象のノードを「**ターゲットノード**」と呼びます。

▲図2-2　コントロールノードとターゲットノード

本書執筆時点の最新版である、Ansible 2.8の動作要件は次の通りです。

コントロールノード

　OS：Linux、macOSもしくはBSDファミリー
　Python：Python 2（2.7以降）、もしくはPython 3（3.5以降）

ターゲットノード

　OS：Linux、SolarisやAIXなどのUNIX系OS、Windows、ネットワーク機器など
　Python：Python 2（2.6以降）、もしくはPython 3（3.5以降）

ターゲットノードには、各モジュールが依存するPythonモジュールがインストールされている必要があります。たとえば、Debian系ディストリビューションのパッケージを管理するために`apt`モジュールを利用する場合は、ターゲットノードに「`python-apt`」（Python 2）か「`python3-apt`」（Ppython 3）がインストールされている必要があります。

第2章　Ansibleの概要とアーキテクチャ

　AnsibleモジュールがどのPythonモジュールに依存するかは、Ansible公式ドキュメント上の各モジュールのページ[2]に明記されているので、使用する前に確認しておきましょう。

pipの導入

　また、各PythonモジュールはPython向けのパッケージマネージャーの「pip」を利用すると、手軽にインストールできます。パッケージを指定すると、「Python Package Index（PyPI）」[3]からパッケージをダウンロードしてインストールします。

　pipで指定したパッケージをインストールするには、コマンド2-1のように指定します。pipにはPython 2用とPython 3用があるので、混同しないように注意してください。

▶ コマンド2-1　pipによるモジュールのインストール

```
$ sudo pip install <モジュール名>
```

　現在インストールされているモジュールの一覧は、コマンド2-2に挙げたいずれかのコマンドで確認できます。

▶ コマンド2-2　インストールされているモジュールの確認

```
$ sudo pip freeze
$ sudo pip list
```

※2　https://docs.ansible.com/ansible/latest/modules/list_of_all_modules.html
※3　https://pypi.org/

2-2 Ansibleのコンポーネント

実際にAnsibleを使い始める前に、Ansibleがどのようにしてターゲットノードの構成管理を行っているのか、各コンポーネントの役割について理解しておきましょう。

Ansibleには、大別して次のような4つのコンポーネントがあります。

- プレイブック（Playbook）
- インベントリ（Inventory）
- モジュール（Module）
- プラグイン（Plugin）

この中で、Ansibleを利用する際にユーザーが作成しなければならないのは、「プレイブック」と「インベントリ」です。この2つの作成方法を理解しておけば、ひとまずAnsibleを使い始めることができます。

2-2-1 プレイブック（Playbook）

プレイブックは、Ansibleにおける**「ターゲットホストに対するオペレーションの設計書兼手順書」**です。Ansibleはプレイブックに記載されている内容をもとに、指定されたノードの設定を変更します。

従来は、図2-3のように、オペレーターが手順書やパラメーターシートなどのドキュメントを参照しながら機器の変更作業を行っていました。

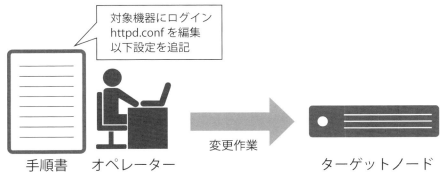

▲図2-3　オペレーターが手順書をもとに機器を設定

Ansibleは、手順書の代わりにプレイブックを参照し、それをもとにして実行可能なPythonスクリプトを生成します。その後、Pythonスクリプトをターゲットノードの一時ディレクトリに格納し、ターゲットノード上で実行します。

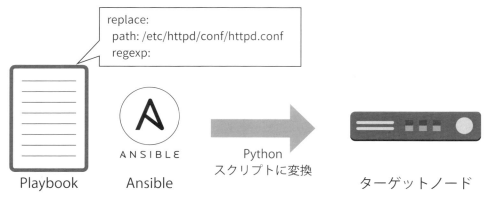

▲図2-4　Ansibleはプレイブックをもとに聞きを設定

　プレイブックは、「**YAML**」というデータ記述言語を使って記述します。YAMLの書式はシンプルで、プログラミングに慣れ親しんでいない人が読んでもその意味を理解しやすく、学習コストが低いのが特徴です。
　では、実際にプレイブックのサンプル見てみましょう。次に示したのは、前章でも取り上げたプレイブックのサンプルです。

▶リスト2-1　　updatenginx.yml

```
---
- hosts: web
  tasks:
  - name: update Nginx
    yum:
      name: nginx
      state: latest
```

これを人間が実行する手順書に置き換えると、次のようになります。

1. 対象サーバーにログインする
```
$ ssh root@web
```

2. 対象サーバーのnginxパッケージを更新する（最新版であれば、この手順はスキップする）

```
# yum update nginx
```

3. 対象サーバーからログアウトする

```
# exit
```

このような手順書と比較すると、YAMLで記述されたプレイブックは非常にわかりやすいシンプルな構造になっていることが理解できるでしょう。

Point:

➡ プレイブックは、Ansibleにおける「ターゲットホストに対するオペレーションの設計書兼手順書」

➡ Ansibleはプレイブックをターゲットノードで実行可能な形式に変換し、実行している

➡ プレイブックは、YAMLという理解しやすいフォーマットで記述されている

プレイブックの構造

では、プレイブックの書式について詳しく見ていきましょう。YAMLは、情報をデータ構造として表現するためのフォーマットです。さまざまな場面で使われ、文法についても明確な規定があります。ここでは、プレイブックを記述する上で必要になるYAMLの文法に限って解説します。より詳細な規定を知りたい場合は、YAMLの公式Webサイト[4]にリファレンスがあるので、参照してください。

また、YAMLはあくまでもデータ構造を表すためのフォーマットなので、実際にYAMLを処理するためのライブラリが必要になります。Ansibleでは、Python向けのライブラリである「**PyYAML**」[5]を利用しています。

Ansibleのプレイブックの冒頭には、「---」とハイフンが3つ続けて書かれています。これは、「ここからYAMLのフォーマットで書かれていますよ」ということを表しています。それ以上の深い意味はないので、「とりあえずプレイブックの先頭に書く」とだけ覚えておけばよいでしょう。

●インデント

YAMLでは、インデントの階層はデータの階層を意味します。そのため、余計なスペースや誤った階層に要素を記述したりすると構文エラーになってしまいます。通常、プレイブックでは「スペース2つ」でインデントを行います。開発プロジェクトでは、あらかじめ「**コーディング規約**」を決めて、定義方法や文法を定義することで、表記にブレが発生したり、混沌とした命名規則にな

※4　https://yaml.org/
※5　https://pyyaml.org/

らないようにしています。プレイブックでも同様に、複数人で作成やメンテナンスを行う場合は、変数の命名規則などのコーディング規約を決めておくとよいでしょう。

　YAMLを記述する際には、必ずインデントを意識します。コードエディタの拡張機能などを使用して視覚的にわかりやすくすることも、構文エラーを防ぐのに有効な対策です。

 エディタ拡張機能の有効活用しよう

YAMLは「YAML Ain't a Markup Language（YAMLはマークアップ言語ではない）」という再帰的な略語です。マークアップ言語の代表的なものに「HTML」があります。
エディタでYAMLを書く際には、慣れないうちはインデントや文法エラーによって動かないプレイブックを書いてしまうことがあります。最近、人気の「**Visual Studio Code**」（VSCode）などのコードエディタの多くには、プレイブックの作成に役立つ多くの拡張機能があります。たとえば、VSCodeの拡張機能の1つである「**indent-rainbow**」では、インデントの階層に応じて色分けして表示できます。こういった拡張機能をうまく活用して、より効率的にプレイブックが書けるような環境を整備するとよいでしょう。

Point:
➡ プレイブックを書くときは、最初に「ハイフンを3つ」書く
➡ コードエディタの拡張機能を活用する

● hosts

「`hosts: web`」と書かれた行は、「このプレイブックをどのホストに対して実行するか」を定義しています。「`all`」が指定されている場合は、別の方法で対象を定義しない限り、原則としてインベントリファイルに記載された全台を対象にプレイブックが実行されます。

▼表2-1　hostsの設定値

指定値	内容
all	プレイブック実行時に指定したインベントリファイルに存在するホストすべて
localhost	Ansibleを実行しているノード自身（localhost）
<ホスト名>	指定したホストのみ
<ホストグループ名>	指定したホストグループに所属するホスト

　リスト2-1では「web」が指定されているため、インベントリ内で定義された「web」のホストグループに所属するホストに対してプレイブックが実行されます。Webサーバーのセットアップにかかわるプレイブックなど、特定の環境に対してのみにプレイブックを実行させる場合は、グループを明示的に指定するとよいでしょう。

インベントリやホストグループについては、後述する「インベントリ」の項で詳しく説明するので、そちらを参照してください。

> **Point:**
> ➡ hostsには、インベントリファイルで定義されているホストやホストグループの中から、対象となるホストを指定する

● vars

「vars」セクションでは、プレイブックで使用する変数を指定します。変数には、文字列や数値を格納します。たとえば、debugモジュールを利用して、「Hello World!」という文字列を出力する例を考えてみましょう。debugモジュールは、指定した文字列や変数の値を出力します。

▶ **リスト2-2** helloworld.yml

```
---
- hosts: localhost
  tasks:
    - name: hello world
      debug:
        msg: "Hello World!"
```

リスト2-2のプレイブックを実行すると、次のように「Hello World!」という文字列が出力されます。

▶ **リスト2-3** helloworld.ymlの実行結果

```
ok: [localhost] => {
    "msg": ""Hello World!""
}
```

では、プレイブック内で変数を定義してみましょう。varsセクションとして、次のようなフォーマットで変数を定義します。

▶ **リスト2-4** プレイブック内での変数の定義

```
vars:
  変数名: 値
```

また、定義した変数をプレイブックの中で呼び出すには、「"{{ 変数名 }}"」のようにして記述

します。

　では、先ほどのプレイブックを、固定の文字列ではなく変数の中身を表示させるように書き換え
てみましょう。

▶リスト2-5　helloworld2.yml

```
---
- hosts: localhost
  vars:
    hello_text: "Hello World Again!"
  tasks:
    - name: hello world
      debug:
        msg: "{{ hello_text }}"
```

　これを実行すると、次のような出力になります。

▶リスト2-6　helloworld2.yml の実行結果

```
ok: [localhost] => {
    "msg": "Hello World Again!"
}
```

　出力内容が変化し、変数の中に定義した文字列が出力されていることがわかります。これによっ
て、プレイブック内の動作を実行結果に応じて変化させるなど、変数の値を参照して後続の処理を
変更することが可能になります。

　また、Ansibleは接続するユーザーやパスワード、ポート、コネクションプラグインの指定など
も変数を参照します。これらも通常の変数と同様に扱うことができます。

　Ansible全体の設定にかかわる変数は「ansible_」から始まります。表2-2に、よく使われる
変数の例を示しました。環境に応じて指定すべき変数は変わるので、以降の章で登場する変数につ
いては、その都度解説します。

▼表2-2　プレイブック内でよく使われる変数

変数名	指定例	内容
ansible_connection	local,ssh,winrm など	コネクションプラグインの指定
ansible_user	＜ユーザー名＞	ターゲットノードで利用するユーザー名
ansible_password	＜パスワード＞	ターゲットノードログイン時に利用する パスワード
ansible_port	＜ポート番号＞	Ansible が接続するポート番号

これらの変数は、特定のコネクションプラグインに対してのみに指定することも可能です。たとえば、SSHであれば表2-3のような指定になります。

▼表2-3　プレイブック内でSSHに使われる変数

変数名	指定例	内容
ansible_ssh_user	<ユーザー名>	SSH接続に利用するユーザー名
ansible_ssh_password	<パスワード>	SSH接続に利用するパスワード
ansible_ssh_port	<ポート番号>	AnsibleがSSHで接続するポート番号

Ansibleでは、プレイブック内だけでなく、インベントリやhost_vars／group_varsディレクトリ内で指定したり、プレイブック実行時にExtra Variablesとして指定したりなど、さまざまな場所で変数を定義することが可能です。しかし、最初からすべてを理解することは難しいので、ここでは説明を省略し、以降の章で実際のプレイブックのサンプルを使って詳しく説明することにします。

● tasks

tasksセクションには、実際に処理するタスクを定義します。タスクとは、「**yum モジュールでパッケージを更新する**」といったようなモジュールを利用した作業の単位です。

プレイブックには「Play」というプレイブック全体を指し示す大きなくくりがあります。その下に前述したタスク、そしてタスク内で指定するモジュール、さらにモジュールに対して指定するパラメーターという構造になっています。

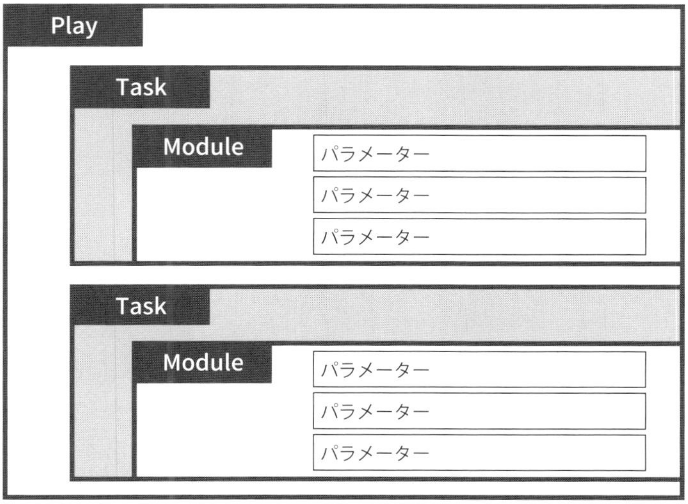

▲図2-5　プレイブックの構造

Ansibleでは、プレイブックを上から下に解釈していき、順番に実行していきます。したがって、ほかのプログラミング言語にあるgoto文のように「どこかのTaskにジャンプする」といったことはできません。上から順に、実行するTaskを定義します。このようなname、hosts、tasksなどの要素は、プレイブック内で特別な意味を持ちます。公式ドキュメントでは、これらの値を「ディレクティブ（Directive）」と呼んでいます。

では、先ほどのHello Worldのサンプルをもう一度見てみましょう。

▶リスト2-7　helloworld2.yml（再掲）

```
---
- hosts: localhost
  vars:
    hello_text: "Hello World Again!"
  tasks:
    - name: hello world
      debug:
        msg: "{{ hello_text }}"
```

tasksには「helo world」という名前の1つのタスクが存在しています。その下に「debug」モジュールを指定し、さらにdebugモジュール内で「msg」というパラメーターを指定しています。各行を詳しく見ていきましょう。

▶リスト2-8　タスクの名前を指定

```
    - name: hello world
```

ここでは、タスクの名前を定義しています。この名前は、プレイブックを実行した際に次のように表示されます。

▶リスト2-9　プレイブック実行時のタスク名の表示

```
TASK [hello world] ********************************************************
***********************
```

実は、nameの指定は必須ではありません。次のようにモジュールから記述することも可能です。

▶リスト2-10　helloworld3.yml

```
---
- hosts: localhost
  vars:
    hello_text: "Hello World Again!"
  tasks:
```

2-2　Ansibleのコンポーネント

```
    - debug:
        msg: "{{ hello_text }}"
```

　タスクにnameを指定しなかった場合は、次のようにモジュール名がタスクの名前として実行結果に表示されます。

▶リスト2-11　helloworld3.ymlの実行結果

```
TASK [debug] *********************************************************
************************
ok: [localhost] => {
    "msg": "Hello World Again!"
}
```

　このサンプルではタスクは1つしかありませんが、実際にはいくつものタスクが1つのプレイブックの中に作られていきます。その際にモジュール名しかなければ何をするタスクなのかがわかりにくいので、面倒がらずに各タスクには適切な名前を定義しておきましょう
　nameの次は、モジュールセクションとなります。

▶リスト2-12　debugモジュールの記述

```
        debug:
          msg: "{{ hello_text }}"
```

　debugモジュールは、前述したように、指定した文字列、変数に格納された値などを表示するモジュールです。用途としては、名前の通りデバッグ用として、プレイブック内で定義した変数に何の値が格納されているのかを確認するために使用したりします。先ほどの例では「hello_text」という変数の中身を表示させていました。
　タスクに指定するモジュールとそのパラメーターは、次のような構造になっています。

▶リスト2-13　モジュールの構造

```
        モジュール名:
          パラメーター: 値
```

　各モジュールがどのパラメーターを指定可能なのかは、前述したAnsibleの公式ドキュメントに記載されています。Ansibleがインストールされていれば、次のコマンドで同じ内容を確認できます。

▶コマンド2-3　ansible-docの実行

```
$ ansible-doc <モジュール名>
```

027

> **shellモジュールの利用**
> shellモジュールを使うと、さまざまなシェルコマンドを実行できます。しかし、前章で説明した「冪等性」を保証するモジュールではないことに注意してください。shellモジュールが保証するのは「**シェルコマンドを実行すること**」であり、そのコマンドを実行した結果がどのようなものになるのかは感知しません。
> ベストプラクティスとしては、こういった「冪等性を保証しないモジュール」の使用は最小限に留め、コマンドと同じ機能を持つモジュールが存在する場合はそちらを利用するほうがよいでしょう。

ループ

ループは、Ansibleにおいて重要な文法です。通常のタスクでは、パラメーターには1つの値しか定義できませんが、ループを活用することによって、複数の処理を一つのタスクで実行できるようになります。Ansibleでは、「`with_items`」と「`loops`」の2つの記法がよく使われています。

●with_items

with_itemsは従来のAnsibleからよく使われているループの記法です。「`item`」という特殊な変数に、「`with_items`」で定義した値がループごとに代入され、実行されます。たとえば、リスト2-14の例では、`test1`から`test3`までメッセージが出力されます。

▶**リスト2-14** with_itemによるループ

```
debug:
  msg: "{{ item }}"
with_items:
  - test1
  - test2
  - test3
```

実行すると、次のように`item`に指定した値が代入されて出力されます。

▶**リスト2-15** 実行結果

```
TASK [debug] ****************************************************
*****************************************************************
******************
ok: [localhost] => (item=test1) => {
    "msg": "test1"
}
ok: [localhost] => (item=test2) => {
    "msg": "test2"
}
ok: [localhost] => (item=test3) => {
```

```
        "msg": "test3"
}
```

また、with_itemsにはリストを指定することも可能です。

▶リスト2-16　リストを指定したループ

```
- hosts: all
  vars:
    - list1: [ test1, test2, test3 ]
    - list2: [ test4, test5, test6 ]
  tasks:
    - debug:
        msg: "{{ item }}"
      with_items:
        - "{{ list1 }}"
        - "{{ list2 }}"
```

リスト2-16を実行すると、リストの値が正常に出力されます。

▶リスト2-17　実行結果

```
TASK [debug] ***********************************************************
***********************************************************************
******************
ok: [localhost] => (item=test1) => {
    "msg": "test1"
}
ok: [localhost] => (item=test2) => {
    "msg": "test2"
}
ok: [localhost] => (item=test3) => {
    "msg": "test3"
}
ok: [localhost] => (item=test4) => {
    "msg": "test4"
}
ok: [localhost] => (item=test5) => {
    "msg": "test5"
}
ok: [localhost] => (item=test6) => {
    "msg": "test6"
}
```

●loops

loopsは、Ansible 2.5から導入された比較的新しいループの記法です。with_itemsの代わりにloopという要素を指定します。たとえば、先ほどのプレイブックをloopを使って書き換えると、次のようになります。

▶リスト2-18　loopによるループ

```
debug:
  msg: "{{ item }}"
loop:
  - test1
  - test2
  - test3
```

実行すると、with_itemsを使ったのと同様のループ処理が実行されて出力されます。

▶リスト2-19　実行結果

```
TASK [debug] ********************************************************
********************************************************************
*******************
ok: [localhost] => (item=test1) => {
    "msg": "test1"
}
ok: [localhost] => (item=test2) => {
    "msg": "test2"
}
ok: [localhost] => (item=test3) => {
    "msg": "test3"
}
```

loopでは、「loop_control」を指定してループ処理をコントロールできます。たとえば、「pause」を指定すると、各ループの際に指定した秒数の間だけ実行を待機します。

▶リスト2-20　pauseを指定

```
debug:
  msg: "{{ item }}"
loop:
  - test1
  - test2
  - test3
loop_control:
```

```
    pause: 2
```

　ここで紹介してきたもの以外にも、プレイブックにはさまざまな記述方法があります。しかし、最初からすべてを覚える必要はありません。プレイブックの作成において重要なことは、Ansibleのありとあらゆる機能を活用することではなく、目的をシンプルに実現することです。プレイブックの作成に慣れてきたあとでも、「**シンプルさ**」**を忘れないようにしてください**。

yumモジュールにループは厳禁？
パッケージのインストールやアンインストールなど、非常に活躍する場面の多いyumモジュールですが、複数パッケージを指定する際に次のように指定しているプレイブックを目にすることがあります。

```
yum:
  name: {{ item }}
  state: present
with_items:
  - package1
  - package2
```

この方法でもyumモジュールは使えるのですが、ループごとに個別に処理を実行するために、非効率的な処理になってしまいます。
そのため、次のようにnameパラメーターに直接リストを指定する方法が推奨されています。

```
yum:
  name: {{ package }}
  state: present
```

2-2-2　インベントリ（Inventory）

　前項で指定したプレイブックでは、「何を」実行するのかといった内容は定義されていますが、「どこに」実行するのかという指定はありません。では、Ansibleはどうやって接続する対象を特定しているのでしょうか。「どこに」対して実行するのかを定義するのが「インベントリ」です。
　インベントリは、日本語では「目録」といった意味です。スマートフォンのメッセージアプリを思い浮かべてください。誰かにメッセージを送ろうと思ったら、まず知り合いのリストから目的の人物を探すでしょう。つまり、そのリストがなければ、アプリからメッセージを送ることができないということになります。Ansibleも同様に、管理したいノードの情報をインベントリに記載して、Ansibleに「どのホストが管理対象なのか」を教えていなければ、対象ホストに接続することができないのです。

インベントリファイルには、2つの書き方があります。1つはプリケーションの設定ファイルとしても使われることがある「**INI形式**」で、もう1つはプレイブックと同じ「**YAML形式**」です。

実際に、インベントリファイルの例を見てみましょう

▶**リスト2-21　イベントファイル（hosts）の例**

```
web01
web02
app01
app02
```

これは、インベントリファイルの中でももっともシンプルな例で、web01からapp02まで、4台のホストを定義しています。ファイル名は「hosts」としていますが、インベントリファイルは管理する上でわかりやすい名前を任意につけてしまって問題ありません。

インベントリには管理対象のホスト名（IPアドレス）が記載されている必要があります。Ansibleは指定されたホストに対し、指定された方法（デフォルトではSSH）で接続します。ホスト名を記載した場合は、DNSもしくはhostsファイルによる名前解決が必要です。

> **(Tips) 複数ホストをシンプルに指定する**
>
> 同じ環境の複数台のサーバーが連番のホスト名（web01、web02……など）になっていることがよくあります。しかし、これを台数分インベントリに書いていくのは大変です。数台であれば何とかなりますが、数十台、数百台といった規模になると現実的ではありません。
> そのような場合、ホスト名が連番であれば、次のような表現が可能です。
>
> ```
> test[1:10]
> ```
>
> これだけで、test1からtest10までの10台のホストを定義できます。
> 管理する台数が増えてもわかりやすくなるように、可能な限りシンプルで見やすい記述を心がけましょう。

ホストグループ

インベントリにはAnsibleで管理する対象のノードを記載するので、数多くのホスト名がずらりと並ぶことになります。しかし、特定のホストに対してのみに実行するには、個別にホスト名を指定する必要があり、非常に手間がかかります。

Ansibleには、インベントリに記載した各ホストをグループ分けして管理する仕組みがあります。これを「**ホストグループ**」と呼びます。ホストグループを使うと各環境をグループ化して定義できるため、インベントリの可読性が上がり、スマートに複数の環境を管理することが可能になります。環境ごとにグループを定義しておけば、特定のホストに対してのみにプレイブックを実行したい場

合などに利用できます。

先ほどのインベントリファイルの例（リスト2-21）にも、いくつかの環境が混在していました。これをホストグループを使ってグループ分けしてみましょう。

▶リスト2-22　ホストグループを使ったグループ分け

```
[web]
web01
web02

[app]
app01
app02
```

「web」というホストグループと、「app」というホストグループの2つを定義しています。これにより、web01とweb02に対してプレイブックを実行したい場合、個別にホスト名を指定する必要がなくなります。

さらに、ホストグループはネストすることが可能で、「子の環境」を定義できます。これを活用すると、複数のホストグループを管理しやすくなります。たとえば、Webサーバーのグループの中に、「tokyo_web」と「osaka_web」というグループを追加して、同じwebグループの中で、東京と大阪の環境を分けることができます。

▶リスト2-23　ホストグループのネスト

```
[web:children]
tokyo_web
osaka_web

[tokyo_web]
tko_web01
tko_web02

[osaka_web]
osk_web01
osk_web02
```

インベントリ内の変数

プレイブックの項で変数について説明しましたが、インベントリ内にも変数を定義できます。インベントリの中で定義する場合は、ホストに対して変数を定義する「**ホスト変数**」と、グループに対して変数を定義する「**グループ変数**」のどちらも利用できます。

第2章 Ansibleの概要とアーキテクチャ

　ホストに対して変数を定義した場合は、そのホストのみで有効です。グループ変数も同様で、指定したグループ内のみで利用可能です。

●INI形式での変数定義

　INI形式のインベントリでホスト変数を定義する場合、リスト2-24のようにホスト名の横に「変数＝値」の形で記述します。

▶リスト2-24　ホスト変数の定義

```
[web]
web01 ansible_user=ops http_port=80
web02 ansible_user=ops http_port=80
```

　グループ変数を定義する場合は、リスト2-25のように「[グループ名:vars]」という形で指定します。

▶リスト2-25　グループ変数の定義

```
[web]
web01
web02

[web:vars]
ansible_user=ops
http_port=80
```

●YAML形式での変数定義

　YAML形式のインベントリでホスト変数を記述すると、リスト2-26のようになります。

▶リスト2-26　ホスト変数の定義

```
all:
  children:
    web:
      hosts:
        web01:
          ansible_user: ops
          http_port: 80
        web02:
          ansible_usert: ops
          http_port: 80
```

034

allというグループが頂点にあり、その下にwebグループが、そしてその所属ホストとしてweb01とweb02が定義され、その下にホスト変数が定義されていることがわかります。このようにツリー構造として可視化できるため、YAML形式のほうが複雑なデータ構造も定義しやすいといえますが、好みに応じて使い分けるとよいでしょう。

グループ変数の場合は、リスト2-27のようにhostsと同じ階層にvarsを定義します。

▶リスト2-27　ホストグループのネスト

```
all:
  children:
    web:
      hosts:
        web01:
        web02:
      vars:
        ansible_usert: ops
        http_port: 80
```

ファイルに変数を定義する

Ansibleのホスト変数やグループ変数は、ファイルとして定義することも可能です。ファイルとして定義するには、プレイブックが存在するディレクトリ内に「host_vars」「group_vars」というディレクトリを作成し、その下にそれぞれホスト名、グループ名のテキストファイルを作成します。

```
├── group_vars
│   ├── web
│   └── app
│
├── host_vars
    ├── web01
    ├── web02
    ├── app01
    └── app02
```

> **Tips　変数の定義は計画的に**
>
> Ansibleでは、プレイブック、インベントリ、group_varsディレクトリ、host_varsディレクトリ、後述するExtra Variablesなど、複数の場所で変数を定義できます。しかし、方針を持たずに場当たり的に複数の場所で定義を行うと、非常に管理が難しくなります。したがって、変数を定義する場所は最小限にとどめ、複数の場所で同じ変数を定義することがないようにしましょう。

2-2-3 モジュール（Module）

　Ansibleが多様な環境の自動化が可能なのは、数多くのモジュールが存在しているためです。Ansibleで自動化する際に何ができるかは、使用できるモジュールに依存します。

　Ansibleの公式ドキュメントには、数え切れないほど多くのモジュールが挙げられています。それらをプレイブックの中で組み合わせ、実際のインフラ構築・運用を自動化することになります。

　とはいえ、星の数ほど存在するAnsibleのモジュールをすべて本書で取り上げることは不可能です。また、Ansibleは日々活発に開発が進んでいるため、新しいモジュールや指定できるパラメーターが追加されることもあります。それゆえ、モジュールの情報については最新のAnsible公式ドキュメント[5]を参照するのがよいでしょう。

　モジュールはプレイブックの項で説明した通り、タスクとして定義し、パラメーターを指定して利用します。たとえば、ファイルをコピーするcopyモジュールを利用するには、パラメーターを次のように指定します。

▶リスト2-28　ホストグループのネスト

```
copy:
    src: /tmp/test.conf
    dest: /etc/test.conf
    owner: ops
    group: ops
    mode: '0644'
```

　ここでは、5つのパラメーターを指定しています。それぞれ表2-4のような内容を指定できます。

▼表2-4　copyモジュールのパラメーター

パラメーター名	内容
src	ファイルのコピー元を指定する
dest	ファイルのコピー先を指定する
owner	コピーしたファイルのownerを指定したユーザーに書き換える
group	コピーしたファイルのownerを指定したグループに書き換える
mode	コピーしたファイルのパーミッションを指定する

　copyモジュールはこれ以外にも多数のパラメーターを指定できますが、すべて指定しなければならないわけではありません。実現したい操作に応じて、指定するパラメーターを決定します。

※5　https://docs.ansible.com/

モジュールの種類とメンテナンス

Ansibleの公式ページには非常に多数のモジュールが掲載されていますが、それぞれその機能に応じてカテゴリー分けされています[6]。公式ページから目的の機能を持つモジュールを探す際は、これらのカテゴリーも参考にするとよいでしょう。

▼表2-5　モジュールのカテゴリー

カテゴリー名	概要
Cloud modules	AWSやAzureなどのクラウド環境向けのモジュール
Clustering modules	KubernetesやOpenShftなどのアプリケーションのクラスタ管理向けのモジュール
Commands modules	rawモジュールやshellモジュールなど、シェルコマンドをそのまま実行したりするためのモジュール。これらのモジュールは冪等性が担保されない
Crypto modules	LUKSやOpenSSLなどの証明書や暗号化に関するモジュール
Database modules	MySQLやPostgreSQLなどのデータベース管理に関するモジュール
Files modules	ファイルのコピーや編集など、ファイル操作に関するモジュール
Identity modules	FreeIPAやKeycloakなどの認証に関するモジュール
Inventory modules	インベントリへのホストの追加など、Ansibleインベントリの操作に関するモジュール
Messaging modules	RabbitMQなどのメッセージングサービスに関するモジュール
Monitoring modules	ZabbixやGrafanaなどの監視に関するモジュール
Net Tools modules	DNSやHAProxyなどのネットワークに関するモジュール
Network modules	CiscoやJuniper、F5などのネットワーク機器を操作するためのモジュール
Notification modules	Slackやメールなど、通知サービスに関するモジュール
Packaging modules	yumやaptなどのパッケージマネージャーの操作に関するモジュール
Remote Management modules	HPE iLOやOneViewなど、システムのリモート管理などに関するモジュール
Source Control modules	GitやSubversionなど、バージョン管理システムを操作するためのモジュール
System modules	systemdやiptablesの設定など、OSの設定変更に関するモジュール
Utilities modules	debugやinclude_roleなど、各種プレイブック内での処理や動作をコントロールするためのモジュール
Web Infrastructure modules	ApacheやNginxなどのWebサーバーやJenkinsなどを管理するためのモジュール
Windows modules	Windowsを管理するためのモジュール

---

[6]　https://docs.ansible.com/ansible/latest/modules/modules_by_category.html

Ansibleのモジュールは、Red Hatの開発チームがメンテナンスしているもの、パートナーがメンテナンスしているもの、コミュニティがメンテナンスしているものなど、モジュールによってメンテナンスの体制が異なります。それぞれのモジュールがどれにあたるかは、各モジュールのページに明記されています。

普通にモジュールを使う上ではそこまで意識する必要はありませんが、Red HatのAnsible Engineサポートを利用している場合は、これらのモジュールの種別によってサポートを受けられない場合もあるので、確認が必要です。

▼表2-6　メンテナンス体制によるモジュールの種類

モジュールの種類	内容
Core	Red HatのAnsible開発チームによってメンテナンスされている主要なモジュール
Network	Red HatのAnsibleネットワークチームによってメンテナンスされているネットワーク機器向けのモジュール
Certified	パートナーベンダーによってメンテナンスされているモジュール
Community	コミュニティが中心となってメンテナンスしているモジュール

2-2-4　プラグイン（Plugin）

プラグインは、Ansibleのコアとなる機能を拡張するための仕組みです。モジュールと異なり、Ansibleそのものの機能を拡張するために利用されます。

プラグインにはいくつもの種類がありますが、そのすべてを覚える必要はありません。主なプラグインを表2-7にまとめました。

▼表2-7　主なプラグイン

プラグイン名	概要
Action Plugins	モジュールと連携して、プレイブックのタスクに必要な処理を実行する。通常、バックグラウンドで自動的に実行される
Become Plugins	従来はAnsibleのコア機能として実装されていた「プレイブック実行時の権限昇格（sudoなど）」を実現するプラグイン。Ansible 2.8でプラグイン化され、ユーザーが拡張できるようになった
Cache Plugins	Ansibleが収集するFactsまたはインベントリなどのデータを格納できるようにするためのプラグイン
Callback Plugins	プレイブックの実行結果を整形して出力するプラグイン
Cliconf Plugins	Ansibleが各ネットワーク機器のCLIの仕様に則ってコマンドを実行するためのプラグイン
Connection Plugins	Ansibleがターゲットノードに接続するためのプラグイン
Httpapi Plugins	HTTPベースのAPIを持つターゲットに対してAPI経由で処理を実行できるようにするためのプラグイン

Inventory Plugins	Ansibleがインベントリを解釈するために利用するプラグイン
Lookup Plugins	CSVやINIなどの外部データやAPI経由でデータを取得し、Ansibleで利用するためのプラグイン
Shell Plugins	各シェル環境（bashやkshなど）に応じてAnsibleが正しくタスクを実行できるようにするためのプラグイン
Strategy Plugins	タスクとホストのスケジューリングを処理し、プレイブックの実行の流れを制御するためのプラグイン
Vars Plugins	「host_vars」「group_vars」ディレクトリに存在するファイルのようなプレイブックやインベントリに含まれない変数を利用するためのプラグイン

フィルタ

プレイブック内でよく利用する機能として、「**フィルタ**」があります。フィルタは、指定した変数の値を加工して望んだ出力結果に整形するJinja2の機能の1つです。

フィルタはプラグインとしてAnsibleのコアコンポーネントから独立して定義されているので、容易に機能を拡張することができる設計になっています。Pythonの知識があれば自作も可能です。プラグインの自作については、公式ドキュメント[6]を参照してください。

変数の後ろに「|」でフィルタを指定すると、変数の値をフィルタに渡すことができます。

▶**リスト2-29　フィルタの指定する**

```
{{ 変数 | フィルタ }}
```

また、シェルにおけるパイプと同様に、複数のフィルタをつなげることも可能です。

▶**リスト2-30　複数のフィルタをつなげる**

```
{{ 変数 | フィルタ1 | フィルタ2}}
```

なお、フィルタは変数の中身を書き換えることはありません。たとえば、フィルタを使用したタスクの後に、再度その変数を呼び出しても、中身は変化していません。

Point

➡ フィルタは、変数の値そのものは書き換えずに整形する

➡ フィルタは、変数の後ろに「|」でつなげて指定する

※6　https://docs.ansible.com/ansible/latest/dev_guide/developing_plugins.html#filter-plugins

フィルタ機能は、プレイブック内での制御やデータの加工が容易になり、プレイブックの柔軟性が増しますが、同時にフィルタの乱用はプレイブックを読みにくくする原因になります。

フィルタが多すぎる場合は、自動化のためにフィルタを多用する複雑なロジックが本当に必要か吟味し、よりシンプルな記述で実現できないかを検討することも重要です。

ここでは、プレイブック内でよく使われるフィルタをいくつか紹介します。Ansibleで利用可能なフィルタの一覧は、公式ドキュメント[7]を参照してください。

● default

defaultフィルタは、指定した変数が未定義であった場合に、デフォルトとなる値を定義します。

次の例では、「test_variable」に何もセットされていなければ、「10」という値が利用されます。すでに値が定義されている場合は、その値を利用します。

▶リスト2-31　defaultフィルタの指定

```
debug:
  msg: {{ test_variable | default(10) }}
```

Ansibleでは、未定義の変数を指定するとエラーになってしまいます。そこで、このフィルタを利用してデフォルト値を指定すれば、変数が未定義であることによる予期せぬエラーを防止できます。

また、defaultフィルタでは「omit」という値を指定することもできます。これは、指定した変数が未定義であった場合に、「変数が指定されている項目そのもの」をなかったことにするというものです。

▶リスト2-32　defaultフィルタでomitを指定

```
debug:
  msg: "{{ test_variable | default(omit) }}"
```

リスト2-32のような指定をした場合、test_variableが未定義のときは、このセクションそのものが無視されます。

● List (min／max／flatten)

指定したリストの中での最小値、もしくは最大値を利用します。たとえば、次のようなリストが定義されている場合を考えてみます。

※7　https://docs.ansible.com/ansible/latest/user_guide/playbooks_filters.html

2-2 Ansibleのコンポーネント

▶ **リスト2-33　defalt フィルタのテスト用のリスト**

```
test_variable:
  - 10
  - 20
  - 30
```

この場合、「max」を指定すると最大値の「30」になります。

▶ **リスト2-34　defalt フィルタで max を指定**

```
debug:
  msg: {{ test_variable | default(max) }}
```

逆に「min」を指定すると、最小値の「10」になります。

▶ **リスト2-35　defalt フィルタで min を指定**

```
debug:
  msg: {{ test_variable | default(min) }}
```

「flatten」は、日本語では「均一化」という意味です。これは、指定したリストの値を均一化するわけではなく、「リストの階層」を均一にします。たとえば、「[1,2,[3,4]]」という入れ子のリストがあった場合、「[1,2,3,4]」という同一の階層に整形します。リストの構造を変更したい場合に有用です。

● 辞書型フィルタ（Dict Filter）

辞書型（dictionary）とは、データ形式の1つです。プログラミング言語によっては、「連想配列」と表現されることもあります。「キー : 値」といったように、「キー」と「値」のペアによるデータ構造を指します。

▶ **リスト2-36　辞書型のリストの例**

```
hogehoge:
  hoge: test
  fuga: piyo
```

リスト2-36の場合、hogehogeという辞書には「hoge」「fuga」という2つのキーがあり、それぞれ「test」「piyo」という値を持っています。ここが、通常の変数やリストと異なる点です。

Point

➡ 通常の変数（整数・文字列）：箱の中に1つの値

➡ リスト：箱の中に複数の値

➡ 辞書：箱の中に複数のキーと、それに紐づく値

このように、Ansibleではさまざまなデータ型を扱えます。格納する情報に応じて、使い分けましょう。

●ipaddr (ipv4|ipv6)

ipaddrはかなり特殊なフィルタで、渡した変数の値がIPアドレスとして正しい値であればそのまま出力し、それ以外の値であれば「false」を出力します。このフィルタを使用するには、コントロールノードにnetaddrパッケージをインストールしておく必要があります。

プラグインの有効化

Callbackプラグインなどを利用する場合には、Ansibleの動作を設定するためのansible.cfgファイルを編集して、有効化しなければなりません。ここでは、Callbackプラグインのtimerというプラグインを有効化する手順を説明します。

まず、/etc/ansible/に移動し、ansible.cfgファイルを編集します。Callbackプラグインを有効化するので、callback_whitelistにtimerプラグインを追加します。

▶ **リスト2-37**　/etc/ansible/ansible.cfg

```
# enable callback plugins, they can output to stdout but cannot be 's
tdout' type.
#callback_whitelist = timer, mail
callback_whitelist = timer
```

追加した後にhelloworld.ymlを実行すると、次のようにプレイブックの実行に要した時間が表示されるようになります。Callbackプラグインは、このように出力結果をカスタマイズしたい場合に役立ちます。

▶ **コマンド2-4**　Callbackをプラグインを有効にしたときのプレイブックの実行結果

```
$ ansible-playbook -i hosts helloworld.yml

PLAY [localhost] ****************************************************
******************************************
```

```
TASK [Gathering Facts] ************************************************
*************************************************
ok: [localhost]

TASK [hello world] ****************************************************
*************************************************
ok: [localhost] => {
    "msg": ""Hello World!""
}

PLAY RECAP ***********************************************************
*************************************************
localhost                  : ok=2    changed=0    unreachable=0    faile
d=0    skipped=0    rescued=0    ignored=0

Playbook run took 0 days, 0 hours, 0 minutes, 1 seconds
```

2-2-5 ロール（Role）

　プレイブックにやりたいことをどんどん記述していくと、1つのプレイブックにさまざまな環境向けの設定が入り込み、巨大化することがあります。これでは管理も大変ですし、そのプレイブックをほかの環境で再利用することも困難です。

　たとえば、特定のパッケージのインストールや定期的なメンテナンスのための作業など、ほかの環境でも同様の機能を利用したいということはよくあります。そういった場合に、似たような機能を複数のプレイブックに何度も記載するのは非効率的です。

　Ansibleでは「**ロール**」としてプレイブック内の処理を切り出すことができます。それにより、何度も同じ機能をプレイブックに記述し直すことなく、単にロールを呼び出せばよくなり、非常に効率的です。

ロールを作成する

　ロールを作成するには、次のような構造のディレクトリを作成します。

```
└── roles
    └── ロール名
        └── files
            ├── templates
            ├── tasks
            │   └── main.yml
            ├── handlers
            ├── vars
            ├── defaults
            └── meta
```

tasksディレクトリとmain.ymlファイルは必ず作成しなければなりません。したがって、最小限のロール用のディレクトリ構造は次のようになります。

```
├── roles
    └── ロール名
        └── tasks
            └── main.yml
```

main.ymlには実際にロールとして切り出す処理を記述します。通常のプレイブックとは異なり、hostsのセクションなどは記述する必要はありません。ここでは、プレイブックの項で利用したプレイブックをロールとして切り出してみましょう。

▶ リスト2-38　roles/hello/tasks.main.yml

```
---
- name: hello world
  debug:
    msg: "Hello World!"
```

debugモジュールで「Hello World!」を表示するシンプルなタスクを、そのままプレイブックから抜き出した形です。helloというディレクトリをrolesディレクトリの下に作成したので、このロールは「**hello**」というロール名になります。このように、ロールには実行する処理を記述していきます。

ロールを呼び出す

呼び出し元となるプレイブックを見てみましょう。

▶ リスト2-39　2-5_helloworld.yml

```
---
- hosts: localhost
  roles:
    - hello
```

こちらも非常にシンプルです。前回のプレイブックでは「tasks:」セクションの下に実際の処理が記述されていましたが、ロールを呼び出すプレイブックでは「roles:」セクションの下に、実際に呼び出すロール名を記述します。

これを実際に実行してみると、前回と同様に処理が実行されていることが確認できます。

2-2　Ansibleのコンポーネント

▶ コマンド 2-5

```
TASK [hello : hello world] ***********************************************
*******************
ok: [localhost] => {
    "msg": "Hello World!"
}
```

　ここまで、Ansibleの各コンポーネントについて説明してきました。ここで説明したこと以外にもAnsibleにはさまざまな機能やコンポーネントが存在しています。しかし、この章で説明したことだけを理解していれば、ひとまずAnsibleを使い始めるには問題ありません。Ansibleを使いこなすには、これらのコンポーネントをすべて暗記するよりも、実際に触ってみることが何よりも重要です。

　では、次の章からは、実際に手を動かしてAnsibleに触れてみましょう。

Column

[新機能] Interpreter Discovery

　Ansible 2.8で新たに追加された機能について紹介しておきましょう。

　「Interpreter Discovery」は、Ansibleがターゲットホスト上で利用するPythonインタープリターとして、規定されているリストからターゲットホストの環境にマッチするものを検出し、実行時に利用できる仕組みです。この機能は、Linux環境のみで利用可能です。

　従来のAnsibleでは、デフォルトでは/usr/bin/pythonに存在するansible_python_interpreter変数にパスを指定することで、利用するPythonインタープリターを明示的に指定できました。Ansible 2.8でも同様の変数が利用可能ですが、/usr/bin/pythonが存在しないディストリビューション（たとえばUbuntu 18.04やRed Hat Enterprise Linux 8など）でも特別な設定をせずにAnsibleを利用できるようになります。

　なお、この機能が有効であっても、ansible_python_interpreter変数を指定した場合は、ansible_python_interpreterで指定したパスが優先的に利用されます。

第3章

実行環境の準備

第4章の演習で利用するAnsibleの実行環境をセットアップします。新しいツールや技術を学ぶ上で大切なのは、実際に触ってみて、自分の手を動かして経験することです。AnsibleはLinuxやmacOSであれば直接インストールして実行できますが、Windowsを使っている場合は、別途環境を用意する必要があります。そこで本書では、仮想化ツールを使ってWindows上でLinux環境を構築し、演習環境として利用します。仮想化ツールにOracleの「VirtualBox」、仮想環境のデプロイにHashicorpの「Vagrant」を利用します。初めてこれらのツールに触れる場合でも、すぐにセットアップできるように、図やスクリーンショットを交えて説明しています。

なお、Windows上でのセットアップを前提に解説していますが、Windows、macOS、Linuxのどれを使っていても基本的な手順は変わらないので、適宜、読み替えてください。

3-1 VirtualBoxのインストール

VirtualBoxは、Oracleが提供する仮想化ソフトウェアです。「仮想マシン（VM）」と呼ばれる仮想の環境を作成し、元の環境に影響を与えることなく演習環境を構築できます。また、最近のCPUであれば、VT-x（Intel VT）やAMD-Vなどの仮想化支援機能が使用できます。念のためPCのBIOS設定などを確認し、これらの仮想化支援機能が有効になっているかを確認してください。

3-1-1 インストーラーのダウンロードとインストール

VirtualBox公式サイト[1]のダウンロードページから、インストーラーをダウンロードします。それぞれのOSに応じたパッケージ（Windowsであれば「Windows hosts」、macOSであれば「OS X hosts」）を選択します。。

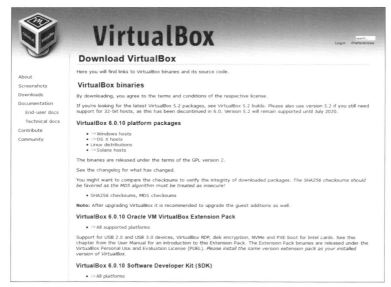

▲図3-1　VirtualBoxのダウンロードページ（https://www.virtualbox.org/wiki/Downloads）

---

[1] https://www.virtualbox.org/

ダウンロードしたインストーラーを起動し、VirtualBoxをセットアップします。

▲図3-2　VirtualBoxのインストール

まず、VirtualBoxのインストールする機能およびインストールするフォルダを指定できます。特に問題がなければ、デフォルトのまま「Next >」ボタンを押して進めます。

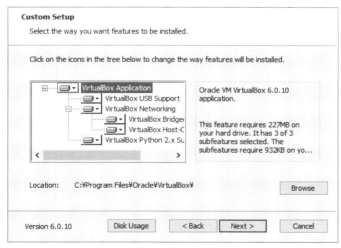

▲図3-3　インストールする機能とフォルダの選択

さらに、デスクトップへのショートカット作成やスタートメニューに追加するためのオプションを設定します。必要に応じてオプションを選び、「Next >」ボタンを押して進めます。

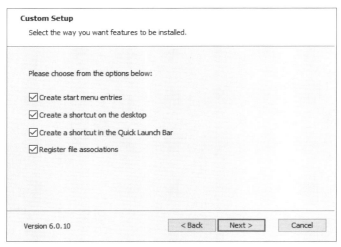

▲図3-4　スタートメニューへの登録やショートカットの作成などを指定

　VirtualBoxのインストールではネットワーク設定を変更するため、一時的にネットワーク接続が切断される旨の警告が表示されます。「Yes」ボタンを押して次に進みます。

▲図3-5　ネットワークが一時的に切断されるという警告

　ここまでの設定に問題がなければ、「Install」ボタンを押してVirtualBoxのインストールを開始します。

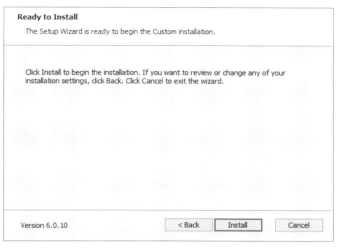

▲図3-6 「Install」ボタンを押してインストールを開始する

なお、環境によっては、インストール中に次のような「ユーザーアカウント制御」のダイアログが表示される場合がありますが、「はい」ボタンを押して進めます。

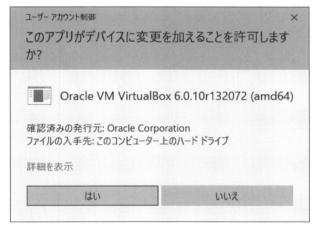

▲図3-7 「ユーザーアカウント制御」の確認

インストールが完了したら、次のような画面が表示されます。「Finish」ボタンを押してインストーラーを終了します。

▲図3-8　インストールの完了

3-2 Vagrantのインストール

　VirtualBoxだけでも演習境を作ることは可能ですが、HashiCorpが提供する**Vagrant**というコマンドラインツールを使用することで、より手軽に演習環境を構築できます。どのような仮想環境を準備するかをVagrantfileというテキストファイルに定義できるので、面倒な設定をしなくてもすぐに望んだ環境を構築できます。

　本書では、環境構築に手間を掛けずにスムーズに演習ができるように、前提となる環境をVagrantfile形式で提示しています。Vagrantfileは、筆者のGitHubリポジトリ[※2]に用意してあるので、活用してください。

3-2-1　Vagrantのダウンロード

　Vagrantの公式サイトから、インストーラーがダウンロードできます。ダウンロードページ[※3]では、VirtualBoxと同様に、OSごとのパッケージが用意されているので、環境に合ったパッケージをダウンロードしてください。

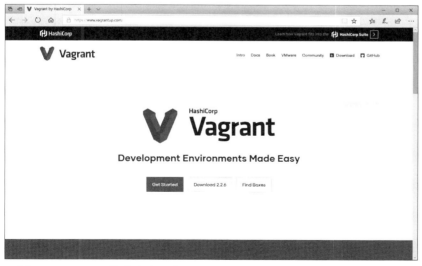

▲図3-9　Vagrant公式サイト（https://www.vagrantup.com/）

※2　https://github.com/hiyokotaisa/ansible_playbooks
※3　https://www.vagrantup.com/downloads.html

ダウンロードしたインストーラーを起動し、セットアップを進めます。

▲図3-10　Vagrantのインストール

ライセンス条項の同意画面が表示されるので、「I accept the terms in the License Agreement」にチェックを入れ、「Next」ボタンを押して進めます。

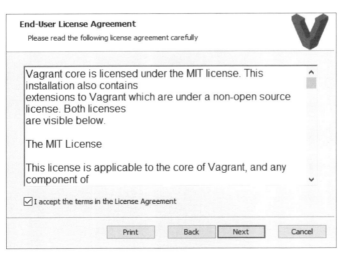

▲図3-11　エンドユーザーライセンスの確認

Vagrantをインストールするフォルダを選択します。デフォルトでは「C:¥Hashicorp¥Vagrant」にインストールされます。特に理由がなければ、デフォルトのままで構いません。

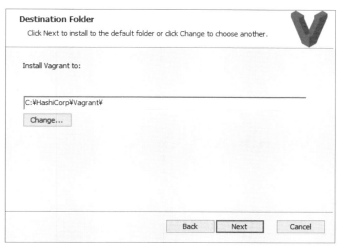

▲図3-12　インストールフォルダの選択

ここまでの設定に問題がなければ「Install」ボタンを押して、インストールを開始します。

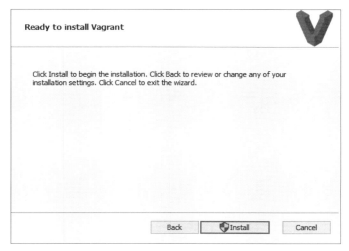

▲図3-13　インストールを開始する

VirtualBoxのインストール中にもあったように、環境によっては「ユーザーアカウント制御」のダイアログが表示されることがあります。この場合も「はい」ボタンを押して進めます。

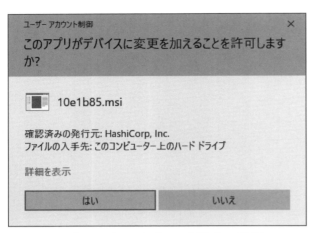

▲図3-14 「ユーザーアカウント制御」の確認

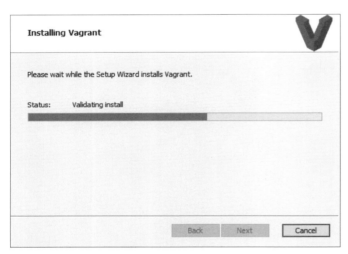

▲図3-15 インストールの進行中

　インストールが完了したら、「Finish」ボタンを押してインストーラーを終了します。

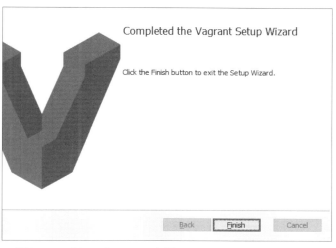

▲図3-16　インストールの完了

　Vagrant自体は仮想化ツールではなく、VirtualBoxなどに対する「フロントエンドのコマンドラインツール」として動作します。Windowsでは、vagrantコマンドの実行にPowerShellを使うので、インストールが完了したらPowerShellを起動します。

　Vagrantでは、仮想マシンのテンプレートとなるイメージファイルを「**Box**」と呼びます。ここでは例として、**CentOS 7**のBoxを追加してみます。どのようなBoxが利用できるのかは、「Vagrant Cloud」[4]で確認できます。Boxの追加には、次のようにコマンドを実行します。

▶コマンド3-1　VagrantのBoxの追加

```
> vagrant box add <Box名>
```

　では、CentOS 7のBoxを追加してみましょう。どの仮想化環境（「provider」と呼びます）で実行しているかを尋ねられるので、VirtualBox向けのものを追加します。

▶コマンド3-2　CentOS 7のBoxの追加

```
> vagrant box add centos/7
==> box: Loading metadata for box 'centos/7'
    box: URL: https://vagrantcloud.com/centos/7
This box can work with multiple providers! The providers that it
can work with are listed below. Please review the list and choose
the provider you will be working with.
```

※4　https://app.vagrantup.com/boxes/search

```
1) hyperv
2) libvirt
3) virtualbox
4) vmware_desktop

Enter your choice: 3
==> box: Adding box 'centos/7' (v1905.01) for provider: virtualbox
    box: Downloading: https://vagrantcloud.com/centos/boxes/7/versions/1
902.01/providers/virtualbox.box
    box: Download redirected to host: cloud.centos.org
    box: Progress: 100% (Rate: 19.7M/s, Estimated time remaining: --:--:
--)
==> box: Successfully added box 'centos/7' (v1905.01) for 'virtualbox'!
```

3-2-2 Vagrant Boxの起動

では、実際にVagrantfileを利用して、先ほど追加したVagrant Boxを起動してみましょう。次のようなVagrantfileを作成してください。

▶リスト3-1　Vagrantfile

```
Vagrant.configure("2") do |config|
  config.vm.box = "centos/7"
  config.vm.network "private_network", ip: "192.168.33.10"

  config.vm.provider "virtualbox" do |vb|
    vb.memory = "1024"
  end
end
```

リスト3-1のVagrantfileがあるディレクトリに移動し、`vagrant up`コマンドで仮想マシンを起動します。コマンドを実行すると、次のように表示されます。

▶コマンド3-3　Vagrantによる仮想マシンの起動

```
> vagrant up
Bringing machine 'default' up with 'virtualbox' provider...
==> default: Importing base box 'centos/7'...
==> default: Matching MAC address for NAT networking...
==> default: Checking if box 'centos/7' version '1905.1' is up to date..
.
==> default: Setting the name of the VM: 3-1_default_1562745971577_25939
```

3-2 Vagrantのインストール

```
(中略)

==> default: Rsyncing folder: /home/kyagisaw/Documents/ansibook/chapter3
/vagrantfiles/3-1/ => /vagrant
```

　Windows 10やmacOS、Linuxを使用している場合は、vagrant sshコマンドを利用して接続できます。接続先のホスト名やユーザー、秘密鍵などは自動的に利用されるので、指定する必要はありません。

▶コマンド3-4

```
> vagrant ssh <サーバー名>
```

　サーバー名には、Vagrantfile内で指定されている名前を指定します。この例では名前を指定していないので、サーバー名を省略して「vagrant ssh」だけで接続できます。
　Windows 8などの標準ではSSHが利用できない場合は、Cygwinなどを導入するか、Tera TermやPuTTYなどのSSHクライアントソフトウェアをインストールし、手動で接続する必要があります。
　Tera Termなどのセットアップ手順については割愛しますが、「vagrant ssh-config」コマンドを利用すると接続先情報を確認できるので、確認したユーザー名、ポート番号と秘密鍵を指定して接続します。

3-2-3　Ansibleのインストール

　仮想マシンのセットアップが完了したので、Ansibleをインストールしてみましょう。ここからは、仮想化マシンのCentOS上での作業となります。
　Ansibleをインストールするには、いくつかの方法があります。

- yumやapt-getなどのパッケージマネージャー経由
- pip経由
- ソースコードからインストール

　どの手段でAnsibleをインストールしても、使える機能などには差はありません。本書では、手軽にインストールが可能な**yum**※5でのインストール方法を紹介します。yumは、Red Hat系Linuxの RPMパッケージを管理するパッケージ管理システムで、CentOSでも使われています。
　yumを使ってAnsibleをインストールする場合、CentOS 7がデフォルトで参照するリポジトリ

※5　http://yum.baseurl.org/

059

第3章　実行環境の準備

では古いバージョンの Ansible しかインストールできません。したがって、**EPEL**[6]リポジトリを有効にして、新しいバージョンの Ansible をインストールします。EPEL は、Fedora プロジェクトが公開している、通常の base リポジトリには含まれない比較的新しいパッケージをまとめているリポジトリです。

また、第4章の演習で利用する Git についても、ここでインストールしておきます。

▶ コマンド3-5　yum を使って EPEL リポジトリから Ansible をインストール

```
$ sudo yum install epel-release
$ sudo yum install ansible
```

インストールが完了したら、どのバージョンがインストールされたのか確認してみましょう。Ansible のバージョンを確認するには、--version オプションを指定します。

▶ コマンド3-6　Ansible のバージョンを確認

```
$ ansible --version
ansible 2.8.1
  config file = /etc/ansible/ansible.cfg
  configured module search path = [u'/home/vagrant/.ansible/plugins/modu
les', u'/usr/share/ansible/plugins/modules']
  ansible python module location = /usr/lib/python2.7/site-packages/ansi
ble
  executable location = /usr/bin/ansible
  python version = 2.7.5 (default, Apr  9 2019, 14:30:50) [GCC 4.8.5 201
50623 (Red Hat 4.8.5-36)]
```

これで、Ansible のインストールは完了です。

3-2-4　Vagrant の停止と削除

本章で作成した演習用の仮想マシンは、以降で利用するために実際の停止や削除は行いませんが、必要なくなった仮想マシンは停止させたり削除させたりできます。仮想マシンを停止させるには、Vagrantfile が配置されているディレクトリで、次のコマンドを実行します。

▶ コマンド3-7　Vagrant による仮想マシンの停止

```
> vagrant halt
```

※6　https://fedoraproject.org/wiki/EPEL/ja

060

では、仮想マシンが停止しているかを確認してみましょう。現在の仮想マシンの状態を確認するには、次のコマンドを実行します。

▶ コマンド3-8　Vagrantによる仮想マシンの状態確認

```
> vagrant status
Current machine states:

default                    poweroff (virtualbox)

The VM is powered off. To restart the VM, simply run `vagrant up`
```

仮想マシンが「poweroff」の状態になっていることがわかります。では、再度vagrant upコマンドを実行した上で、ステータスを確認してみましょう。

▶ コマンド3-9　Vagrantによる仮想マシンの状態確認

```
> vagrant up
(中略)

> vagrant status
Current machine states:

default                    running (virtualbox)

The VM is running. To stop this VM, you can run `vagrant halt` to
shut it down forcefully, or you can run `vagrant suspend` to simply
suspend the virtual machine. In either case, to restart it again,
simply run `vagrant up`.
```

仮想マシンのステータスが「running」に変わりました。vagrant haltコマンドで停止させた場合は、仮想マシン内のデータが保持されているので、必要になれば仮想マシンを起動できます。

最後に、仮想マシンを削除する方法も紹介しておきましょう。**本章で構築した仮想マシンは、以降の演習で利用するために実際の削除は行いません**が、次に示したように、vagrant destroyコマンドで削除できます。

▶ コマンド3-10　Vagrantによる仮想マシンの削除

```
$ vagrant destroy
    default: Are you sure you want to destroy the 'default' VM? [y/N] y
==> default: Forcing shutdown of VM...
==> default: Destroying VM and associated drives...

> vagrant status
```

```
Current machine states:

default                    not created (virtualbox)

The environment has not yet been created. Run `vagrant up` to
create the environment. If a machine is not created, only the
default provider will be shown. So if a provider is not listed,
then the machine is not created for that environment.
```

　今度は「not created」になり、仮想マシンが削除されていることがわかります。必要のなくなった環境を手軽に削除し、すぐに作り直すことができるのもVagrantの利点です。ただし、このコマンドで削除した仮想マシンは復元できないので、再び使用する可能性のある仮想マシンを誤って削除しないように注意してください。

第4章

Ansibleを実行してみよう

第3章で作成した演習環境を利用して、実際にAnsibleを使ってPlaybookを実行していきましょう。ここでは、プレイブックを作成や変更したり、セクションを追加したりと、実際にさまざまな演習を行います。仮想マシン上の環境は何度でも再構築できるので、たとえ環境が壊れてしまっても、第3章で紹介した手順で演習環境の削除と構築を行えば、演習前の状態に簡単に戻すことができます。気軽にいろいろと試してください。

第4章 Ansibleを実行してみよう

4 - 1
Adhoc コマンドの実行

　プレイブックを実行するには、当然ですがプレイブックを作成しなければなりません。しかし、シンプルなコマンドを各ターゲットホストに投入したり、あるいは単にターゲットとなるシステムが動作しているかを確認するといったときに、いちいちプレイブックを作るのは面倒です。

　Ansibleには、このようなときに有用な機能として「**Adhoc**コマンド」があります。Adhocコマンドは、特定のモジュールとパラメーターを指定して、簡単な処理を実行できます。

```
$ ansible  localhost  -m  ping
          対象ホスト名      モジュール
                  オプション
```

　では、実際にPingモジュールを使って、ターゲットノードに接続ができるかを確認してみましょう。本章の演習では、第3章で構築した演習環境を利用します。

▶コマンド4-1　演習環境へのSSH接続
```
> vagrant ssh
```

　演習環境へのSSHログインに成功したら、次のコマンドを実行します。

▶コマンド4-2　Ansibleコマンドの実行
```
$ ansible localhost  -m ping
```

　次のような結果が返ってくるはずです。

▶コマンド4-3　実行結果
```
$ ansible localhost -m ping

localhost | SUCCESS => {
    "changed": false,
    "ping": "pong"
}
```

064

これは、Ansibleが操作する対象のホスト（ここではlocalhost）に接続し、正常にpingモジュールを実行できたということです。localhostの代わりに特定のホストを指定すれば、その指定したホストに対しての接続性を確認できます。

pingモジュール以外にも、第2章で登場した「shellモジュール」を指定すれば、いわゆるワンライナーのようにコマンドを実行することもできます。

▶コマンド4-4　shellモジュールの実行

```
$ ansible localhost -m shell -a hostname
```

コマンド4-4では、shellモジュールを使ってhostnameコマンドを実行しています。-aオプションには、モジュールのパラメーターを指定します。shellモジュールの場合は、実際にターゲットノード上で実行するシェルコマンド（ここではhostnameコマンド）を指定しています。

▶コマンド4-5　実行結果

```
$localhost | CHANGED | rc=0 >>
localhost.localdomain
```

通常のプレイブックは、後述するansible-playbookコマンドで実行しますが、Adhocコマンドは、文字通り「**特定の目的のため**」に、たとえば問題の起きたホストに対してPingモジュールを実行して正常に接続できるかを確認するといった場合に役立ちます。

4 - 2
ansible-playbook コマンドの実行

では、ここからは実際にプレイブックを書いていきましょう。本書で紹介するプレイブックのサンプルは、筆者のGitHubのリポジトリ[※1]にも用意してあります。利用するには、次の手順で演習環境上にクローンしてください。

▶ コマンド4-6　プレイブックのクローン

```
$ git clone https://github.com/hiyokotaisa/ansible_playbooks.git
```

4-2-1　実行準備

まずはサンプルのプレイブックを実行してみましょう。先ほどの仮想マシンにローカルからvagrantユーザーでSSHログインします。git cloneコマンドでGitHubリポジトリからクローンしていれば、カレントディレクトリにansible_playbooksディレクトリが作成され、その中のchapter4ディレクトリに次のようなファイルがあるはずです。

- nginx_install.yml
- syntax_error.yml
- hosts

最初にプレイブックを確認してみましょう。今回はyumモジュールを使って、nginxパッケージをインストールします。yumモジュールでは、RPMパッケージのインストールや更新、削除ができます。

▶ リスト4-1　nginx_install.yml

```
---
- hosts: all
  vars:
    ansible_become: yes
    ansible_become_method: sudo
  tasks:
    - name: Install Nginx
```

※1　https://github.com/hiyokotaisa/ansible_playbooks

066

```
yum:
  name: nginx
  state: latest
```

nameに対象のパッケージ名を、stateに変更後の状態を定義します。stateに何を指定するかによって、モジュールの動作が変わります。

▼表4-1　yumモジュールのパラメーター

定義	パラメーター指定時の動作
present ／ installed	対象のパッケージがインストールされている状態。ターゲットノードに存在しなければインストールする
latest	対象のパッケージが最新の状態。ターゲットノードに存在しなければインストールし、最新でなければ最新の状態にアップデートする
absent ／ removed	対象のパッケージが存在しない状態。ターゲットノードにインストールされている場合は、削除する

今回はlatestを指定しているので、最新版のnginxパッケージがインストールされます。先に**冪等性**について説明についてしましたが、yumモジュールも冪等性を保つために実行時にターゲットノードの状態をチェックしています。指定したパッケージがすでにインストールされていて、かつ最新版であった場合はスキップされます。最新版でなかった場合は、最新版がインストールされます。

●権限昇格（Become）
yumモジュールを利用したパッケージのインストールなどの操作は、一般ユーザーでは実行できません。rootユーザーとして実行するのであれば問題ありませんが、すべてのプレイブックをrootユーザーで実行するのはセキュリティや運用上の観点からよくありません。そのため、Ansibleでは権限昇格の仕組みが用意されています。これによって、一般ユーザーでプレイブックを実行しても、権限が必要な場合には取得して、システムを変更したりできます。

デフォルトでは、sudoが利用されます。また、これらのパラメーターは後述するansible-playbookコマンドによるプレイブック実行時に、オプションとして指定することも可能です。

権限昇格を利用するには、becomeパラメーターを指定します。become_methodを指定することで、suやsudoなど、権限昇格の方法を変更できます。なお、権限昇格は「1ホストにつき1メソッド」のみが利用可能です。たとえば「sudo su -」のように、sudoコマンドでsuを実行するといった二重の権限昇格は利用できません。

▼表4-2　権限昇格のパラメーター

パラメーター	概要
sudo	sudoを利用し、権限昇格を行う。指定したユーザーが/etc/sudoersでsudoが実行可能になっている必要がある
su	Linux ／ Unixで標準的に利用されるsuコマンドを利用し、権限昇格を行う
pbrun	商用のアクセス管理・ログ取得ツール「PowerBroker」のpbrunコマンドを利用し、権限昇格を行う
pfexec	Solarisなどで利用されるpfexecコマンドを利用し、権限昇格を行う。pfexecは、sudoと同様に、一般ユーザーのまま特権ユーザーの権限を利用する仕組み
doas	BSD系OSなどでよく利用されるdoasコマンドを利用し、権限昇格を行う
dzdo	Active Directoryのゾーン内に保管されている権限情報を利用し、権限昇格を行う
ksu	Kerberosによる認証が可能なksuコマンドを利用し、権限昇格を行う
runas	Windows上で利用可能なrunasコマンドを利用し、権限昇格を行う
machinectl	コンテナ管理などに利用するmachinectlコマンドを利用し、権限昇格を行う

　インベントリファイルも確認しておきましょう。chapter4ディレクトリにhostsファイルがあるので、それを利用します。

▶リスト4-2　hosts

```
localhost ansible_connection=local
```

　今回はローカルの環境にインストールするので、ターゲットノードはlocalhostのみです。ansible_connection変数で、コネクションプラグインを指定していますが、ここではローカルホストに接続するのでlocalになっています。

4-2-2　プレイブックを実行する

　では、実行してみましょう。プレイブックを実行するには、ansible-playbookコマンドを使用します。ansible-playbookコマンドの書式は、次のとおりです。

```
$ ansible-playbook  -i  hosts  nginx_install.yml
        オプション┘    インベントリ    プレイブック
```

　ansible-playbookコマンドの代表的なオプションは、表4-3の通りです。

▼表4-3　ansible-playbookコマンドの主なオプション

オプション	概要
-C --check	チェックモードを有効にする。プレイブックの実行時に、実際に変更を適用しない
-D --diff	変更内容の差分を表示する
-e --extra-vars	エクストラ変数（Extra Variables）を指定する
-f --forks	同じグループ内のホストに対して並列実行数（フォーク数）を指定する。デフォルトでは5台のターゲットホストに対してタスクを並列実行する
-i --inventory	インベントリを指定する。通常は、インベントリファイルを指定する
-l --limit	指定したホストもしくはグループに対してのみプレイブックを実行する
--syntax-check	プレイブックの文法チェックを実施する。プレイブック自体は実行されない
-t --tags	指定されたタグがついているタスクのみを実行する。タグについては後述
-v --verbose	詳細な出力を有効にする。「v」の数を増やしていくと、出力の詳細度を上がる。「-v」や「-vv」では得られる情報が十分でないので、デバッグ時には、主に「-vvv」や「-vvvv」などの指定を利用する -vvv：モジュールやPythonのパス、バージョンなどの詳細情報が出力される -vvvv：SSHなどの接続情報も出力される -vvvvv：WinRM関連の情報も出力される
-k --ask-pass	ターゲットノードに接続するユーザーのパスワードを、実行時に確認する。こうすることで、インベントリファイルにパスワードを保存しなくても、作業者が直接パスワードを入力して接続できるようになる
-u --user	ターゲットノードに接続するユーザー名を指定する
-c --connection	プレイブック実行時に利用するコネクションプラグインを指定する
-T --timeout	ターゲットノードから応答がなかった場合、何秒でタイムアウトするかを指定する（デフォルト：10秒）
-b --become	権限昇格を有効にする
--become-method	権限昇格のメソッドを指定する
--become-user	権限昇格に利用するユーザーを指定する
-K --ask-become-pass	権限昇格時に利用するパスワードを指定する

▶コマンド4-7　ansible-playbookコマンドでプレイブックを実行する

```
$ ansible-playbook -i hosts nginx_install.yml

PLAY [all] ***************************************************************
********

TASK [Gathering Facts] **************************************************
********
ok: [localhost]

TASK [Install Nginx] ****************************************************
```

```
********
changed: [localhost]

PLAY RECAP ***************************************************************
********
localhost                    : ok=2    changed=1    unreachable=0    faile
d=0    skipped=0    rescued=0    ignored=0
```

黄色の文字で「changed」と出力されます。実際にNginxがインストールされたのか、念のために確認してみましょう。

▶ コマンド4-8　シェルからインストール状況を確認する

```
$ sudo yum list installed | grep nginx

nginx.x86_64                         1:1.12.2-3.el7              @epel
nginx-all-modules.noarch             1:1.12.2-3.el7              @epel
nginx-filesystem.noarch              1:1.12.2-3.el7              @epel
nginx-mod-http-geoip.x86_64          1:1.12.2-3.el7              @epel
nginx-mod-http-image-filter.x86_64   1:1.12.2-3.el7             @epel
nginx-mod-http-perl.x86_64           1:1.12.2-3.el7              @epel
nginx-mod-http-xslt-filter.x86_64    1:1.12.2-3.el7             @epel
nginx-mod-mail.x86_64                1:1.12.2-3.el7              @epel
nginx-mod-stream.x86_64              1:1.12.2-3.el7              @epel
```

Nginxが正常にインストールされたことがわかります。なお、この実行結果の読み方は、次の項で説明します。

では、先ほどのプレイブックを再度実行してみましょう。実行結果の違いに注目してください。

▶ コマンド4-9　プレイブックを再実行する

```
$ ansible-playbook -i hosts nginx_install.yml

PLAY [all] ***************************************************************
********

TASK [Gathering Facts] **************************************************
********
ok: [localhost]

TASK [Install Nginx] ****************************************************
********
ok: [localhost]
```

```
PLAY RECAP *********************************************************
********
localhost                  : ok=2    changed=0    unreachable=0    faile
d=0    skipped=0    rescued=0    ignored=0
```

　緑色で「OK」と表示されているはずです。Ansibleの多くのモジュールは、ターゲットノードの状態を確認して必要性がないと判断した処理をスキップします。この場合、すでに最新版のNginxがインストールされているので、更新する必要性がないと判断し、実行結果が「OK」になったわけです。

　Ansibleの多くのモジュールは、ターゲットノードの状態を確認し、必要性がないと判断した処理をスキップします。第1章で説明したとおり、「冪等性」が保たれている状態です。

4 - 3
PLAY RECAPを見てみよう

　先ほどの実行結果（コマンド4-7、コマンド4-9）には「PLAY　RECAP」という項目が表示されています。これは、Ansibleがプレイブックを実行した結果を表示させたものです。ターゲットノードごとに、成功したタスク、失敗したタスクなどの実行結果が表示されるので、一目でプレイブックが成功したのか失敗したのか、ターゲットノードに変更が加えられたのかどうかを判断できます。

▼表4-4　PLAY RECAPのステータス

ステータス	概要
ok	タスクが成功した
changed	ファイルの変更やパッケージのインストールなど、ターゲットノードに変更が加えられた
unreachable	ターゲットノードに接続できなかった
failed	ターゲットノード上のタスクの実行に失敗した
skipped	タスクをスキップした。第5章で説明する「条件分岐」にマッチしなかった場合など、タスクをスキップした場合にカウントされる
rescued	block内のエラー発生時に、rescureブロックで処理を継続した。rescueされた処理は、failedとしてカウントされない
ignored	タスクの実行でfailedとなったが、エラーが無視された。「ignore_errors: yes」を指定すると、エラーが発生しても後続の処理が継続して実行される

4-3-1　Rescued ／ Skipped ／ Ignored

　Ansible 2.8では、「Rescued」というステータスが追加されました。これは、プレイブック内でblockを指定していると、block内でエラーが発生した場合、rescueブロックに記述された内容を実行します。Rescuedは、このrescueブロック内のタスクが実行された回数を示しています。。

　blockとrescueは、プログラミング言語によく実装されている「try／catch」の処理に似ています。エラーが発生した場合に、単にfailedとして処理するのではなく、失敗した場合の処理を記述しておき、エラーに対する挙動をあらかじめ定義しておくわけです。こういった処理を「**エラーハンドリング**」と呼びます。

　例として、前項で使用したプレイブックにblockのセクションを追加してみましょう。

4-3 PLAY RECAPを見てみよう

▶リスト4-3 変更したnginx_install.yml

```
---
- hosts: all
  vars:
    ansible_become: yes
    ansible_become_method: sudo
  tasks:
    - name: Install Nginx
      block:
        - yum:
            name: nginx
            state: latest
      rescue:
        - debug:
            msg: "Error!"
      always:
        - debug:
            msg: "Always run this section"
```

●block:
　このセクションに実行するタスクを記述します。以降の「rescue」「always」の処理は、このセクションを対象に実行されます。

●rescue:
　block内の処理でエラーが発生した際に、このセクションに記述されている処理が実行されます。この例では「Error!」という文字列が出力されます。

●always:
　このセクションに記述された処理は、block内の処理が終了した際に、タスクの成功、失敗を問わず必ず実行されます。
　たとえば、block内の処理が成功した場合は「Always run this section」という文字列が出力され、エラーが発生した場合はrescue内の「Error!」という文字列が出力された後に、「Always execute this」の文字列が出力されます。

　変更したnginx_install.ymlを実行すると、次のように「block」で指定したセクションと「always」で指定したセクションが実行されていることがわかります。エラーが発生していないので、「rescue」のセクションは実行されていません。

073

第4章　Ansibleを実行してみよう

▶コマンド4-10　実行結果

```
$ ansible-playbook -i hosts nginx_install.yml

PLAY [all] ****************************************************************
*******************************************

TASK [Gathering Facts] ***************************************************
*******************************************
ok: [localhost]

TASK [yum] ***************************************************************
*******************************************
changed: [localhost]

TASK [debug] *************************************************************
*******************************************
ok: [localhost] => {
    "msg": "Always run this section"
}

PLAY RECAP **************************************************************
*******************************************
localhost                  : ok=3    changed=1    unreachable=0      faile
d=0    skipped=0    rescued=0    ignored=0
```

4 - 4
エラーを読み解いてみよう

　文法ミスやさまざまな要因で、プレイブックの実行がエラーになることがあります。表示されるエラーメッセージを手がかりに原因を特定し、プレイブックの修正やターゲットノードのステータス確認など、適切な対応を採る必要があります。ここでは、具体的なエラー例とその対処方法、実行する前のチェック方法などを説明します。

4-4-1 接続エラー（Unreachable）

　ネットワークやDNSの名前解決などの問題で、インベントリで指定したホストに到達できない場合があります。Ansibleでは、到達できなかったホストは「unreachable」としてカウントします。先ほどのPLAY　RECAPに「unreachable」という項目があります。もし実行中に到達できないホストが存在した場合は、そのホストに対する後続タスクの実行を中断します。

　実際にやってみましょう。インベントリに存在しない架空のホスト「notexist」を追記します。

▶リスト4-4　修正したhosts

```
localhost ansible_connection=local
notexist
```

　そして、プレイブックを実行してみます。

▶コマンド4-11　プレイブックを再実行する

```
$ ansible-playbook -i hosts nginx_install.yml

PLAY [all] *******************************************************************
********

TASK [Gathering Facts] *******************************************************
********
fatal: [notexist]: UNREACHABLE! => {"changed": false, "msg": "Failed to
connect to the host via ssh: ssh: Could not resolve hostname notexist: N
ame or service not known", "unreachable": true}
ok: [localhost]

TASK [Install Nginx] *********************************************************
********
```

075

第4章　Ansibleを実行してみよう

```
ok: [localhost]

PLAY RECAP ********************************************************************
********
localhost                      : ok=2    changed=0    unreachable=0    faile
d=0    skipped=0    rescued=0    ignored=0
notexist                       : ok=0    changed=0    unreachable=1    faile
d=0    skipped=0    rescued=0    ignored=0
```

　Gathering Facts実行時にエラーが出ていることがわかります。ホストの名前解決ができず、SSH経由での接続ができなかったというエラーです。先に追記したのは存在しない架空のホストなので、この動作は正常です。

　その後の処理を見ると、「[Installing Nginx]」のタスクに対してはnotexistへの処理が行われていないことがわかります。タスクがターゲットノード上でFailedとなった場合、後続のタスクはFailedとなったターゲットノードでは実行されません。

> **Column　retryファイル**
>
> 　Ansible 2.7までのバージョンでは、プレイブックの実行に失敗した際に「<プレイブック名>.retry」というファイルがデフォルトで生成されていました。再度プレイブックを実行する際に、このファイルを指定すると、失敗したタスクから再開できます。しかし、実際にはあまり使われることが多くなかったのか、このファイルは、Ansible 2.8からはデフォルトでは生成されなくなりました。

4-4-2　文法エラー（Syntax Error）

　文法エラーは、もっとも頻繁に目にするエラーかもしれません。プレイブックの記載ミスのほとんどは、ケアレスミス（余計なスペースやタイプミス、インデントのミスなど）によるものです。ここでは例として、故意に間違ったインデントで記述したプレイブックを見てみましょう。

▶ **リスト4-5　間違いが含まれたプレイブック（syntax_error.yml）**

```
---
- hosts: all
  vars:
    ansible_become: yes
    ansible_become_method: sudo
  tasks:
    - name: Install Nginx
        yum:
        name: nginx
        state: latest
```

この例では、「yum:」のインデントが誤っています。これを実行すると、次のようなエラーが表示されます。

▶ コマンド4-12　文法に誤りがあるプレイブックを実行する

```
# ansible-playbook -i hosts syntax_error.yml

ERROR! Syntax Error while loading YAML.
  mapping values are not allowed in this context

The error appears to be in '/root/test.yml': line 8, column 12, but may
be elsewhere in the file depending on the exact syntax problem.

The offending line appears to be:

    - name: Install Nginx
        yum:
           ^ here
```

文法エラーが発生した場合は、Ansibleによってエラーになったポイントが表示されます。エラーになった場所のインデントがずれていないか、その前後でタイプミスやインデントのミスがないかなどを確認します。しかし、必ずしも指示された場所が原因とはいえず、違うところが間違っていて、その影響でエラーが示されている場合もあります。

Point
➡ 文法エラーが発生すると、Ansibleがエラーになったポイントを表示する
➡ 提示されたところが必ずしも原因ではない可能性があるので要注意

4-4-3　エラーを回避する

エラーの原因を探るのは、非常にフラストレーションがたまる作業です。実行する前にエラーを発見したり、そもそも未然に防ぐには、どうすればよいのでしょうか。

文法チェックを実施する

実際に実行する前に、プレイブックの文法に問題がないかを確認します。それには、次のように--syntax-checkオプションを利用します。このオプションを指定すると、実際に実行する前にプレイブックの文法的なエラーを発見できます。初めて実行するプレイブックでは、環境に変更を加える前に文法チェックを実施することをお勧めします。

第4章　Ansibleを実行してみよう

▶コマンド4-13　--syntax-checkオプションによるプレイブックの文法チェック

```
$ ansible-playbook -i hosts nginx_install.yml --syntax-check
```

指定したプレイブックの文法に問題がなければ、次のように出力されます。

▶コマンド4-14　文法に問題がない場合

```
$ ansible-playbook -i hosts nginx_install.yml --syntax-check
playbook: nginx_install.yml
```

インデントのミスなど、誤った文法で書かれたプレイブックでは、次のようなエラーが出力されます。

▶コマンド4-15　文法に間違いがある場合の出力

```
$ ansible-playbook -i hosts syntax_error.yml --syntax-check
ERROR! Syntax Error while loading YAML.
  mapping values are not allowed in this context

The error appears to be in '/home/vagrant/ansible_playbooks/chapter4/syn
tax_error.yml': line 8, column 12, but may
be elsewhere in the file depending on the exact syntax problem.

The offending line appears to be:

  - name: Install Nginx
      yum:
          ^ here
```

Check Mode（Dry Run）

　--syntax-checkオプションによって、プレイブックに文法エラーがないことは確認できます。しかし、実際の各タスクがどのような動きをするのかまでは確認できません。想定外の変更が加わらないように、プレイブックの挙動を事前にチェックすることはできないのでしょうか。

　Ansibleには「**Check Mode**」という、ターゲットノードに変更を加えずにテスト実行するオプションがあります。このように、ファイルなどに影響を与えないで実行することは「ドライラン（試し実行）」と呼ばれます。それには、ansible-playbookコマンドの実行の際に「--check」オプションを指定します。

▶コマンド4-16　-- checkオプションによるプレイブックのドライラン

```
[vagrant@tower350 ~]$ ansible-playbook -i hosts nginx_install.yml --chec
k
```

078

```
PLAY [all] ************************************************************
********
TASK [Gathering Facts] ***********************************************
********
ok: [localhost]

TASK [Install Nginx] *************************************************
********
changed: [localhost]

PLAY RECAP **********************************************************
********
localhost                  : ok=2    changed=1    unreachable=0    faile
d=0    skipped=0    rescued=0    ignored=0
```

　一見すると通常実行時と何も変わりませんが、ターゲットノードに変更は加えられていません。出力を確認すると、「Install Nginx」のタスクが「changed」になっているので、このプレイブックを実行すると、ここでノードに変更が加えられることがわかります。

> **Tips shellモジュールはチェックできない？**
>
> shellモジュールやcommandモジュールなどの「ターゲットホスト上でコマンドを実行する」ようなモジュールは、Check Modeによるチェックでは「ok」として表示されます。しかし、モジュールとしては「コマンドを実行する」という処理のみを担っているため、指定されたコマンドの実行結果を確認できません。shellモジュールを多用しているプレイブックをテストする際は、その実行結果がどうなっているかなど、注意が必要です。

ansible-lintを活用する

　プレイブックは非常に柔軟な記述ができます。しかし、わかりにくい記述や複雑な構成は、品質の保持や管理に余計な手間がかかる原因となります。

　Ansibleの公式ドキュメント[2]では、プレイブックの品質を確認するために、「ansible-lint」というツールが紹介されています。このツールを利用することで、プレイブックやロールの問題点を抽出できます。ansible-lintは、RPMパッケージとしてEPELリポジトリで提供されています。また、次のようにpipコマンドでインストールすることもできます。

▶ コマンド4-17

```
$ sudo pip install ansible-lint
```

※2　https://docs.ansible.com/ansible/latest/community/other_tools_and_programs.html#tools-for-validating-playbooks

ansible-lintは、デフォルトでは公式ドキュメントに記載されている標準ルールに従って
プレイブックをチェックします。主に、将来的に廃止予定の古いパラメーターや、好ましくない書
式をチェックし、ルールに違反している場合はエラーを表示します。

　ルールごとにIDが割り当てられており、最初の1桁がカテゴリーを表しています。

▼表4-5　ansible-lintのルールのカテゴリー

ID	カテゴリー
1xx	廃止予定
2xx	フォーマット
3xx	command／shellモジュール
4xx	モジュール
5xx	タスク関連
6xx	慣用表現
7xx	メタデータ

　これらのルールは、必要に応じて、追加したり除外したりできます。

　では、実際にチェックしてみましょう。リスト4-3で変更したnginx_install.ymlをチェ
ックしてみます。

▶リスト4-6　変更したnginx_install.ymlの内容

```
---
- hosts: all
  vars:
    ansible_become: yes
    ansible_become_method: sudo
  tasks:
    - name: Install Nginx
      block:
        - yum:
            name: nginx
            state: latest
      rescue:
        - debug:
            msg: "Error!"
      always:
        - debug:
            msg: "Always run this section"
```

　このプレイブックを指定してansible-lintコマンドを実行すると、リスト4-7のように出力
されます。

▶リスト4-7　ansible-lint によるチェック

```
$ ansible-lint nginx_install.yml

[403] Package installs should not use latest
nginx_instal.yml:9
Task/Handler: yum state=latest name=nginx __file__=nginx_instal.yml _
_line__=10

[502] All tasks should be named
nginx_instal.yml:9
```

　2カ所の問題点が指摘されています。最初のエラーは、yumモジュールでインストールする場合には「latest」ではなくバージョンを指定することが推奨されているためです。2つ目のエラーは、名前が指定されていないタスクがあるためです。これらの問題点を修正すれば、メッセージは表示されなくなります。

　プレイブックを作成後し、実行する前にCIとしてansible-lintによって確認するようにしてもよいでしょう。策定したコーディング規約にしたがってansible-lintのカスタムルールを設定し、プレイブックのチェックそのものを自動化すれば、コードの品質を保つことができます。

第5章

Linuxサーバーを自動化してみよう

前章では基本的なAnsibleの概要と操作について説明しました。本章以降からは、より複雑な実際の環境での操作の基本を覚えていきましょう。ここまで解説してきた内容で、基本的なプレイブックであれば作成できるようになっているはずです。説明してこなかった発展的なプレイブックの書き方やAnsibleの機能については、その都度解説していきます。

5-1 検証環境の構築

この章では、Ansibleの基本となるLinuxサーバーに対する操作をマスターしていきます。本書では、CentOS 7.6を使って解説をしていきますが、Ubuntuを始めとするそれ以外のLinuxディストリビューションであっても基本的には大きく変わりません。

5-1-1 仮想マシンの起動

最初に、第4章と同様に、Vagrantfileを使った検証環境を構築します。ここでは、GitHubレポジトリ[1]にある「chapter5/vagrant」ディレクトリのVagrantfileを利用します。macOSやLinuxを使っていてgitコマンドが利用できる場合は、次のコマンドでクローンします。

Windowsの場合は、著者のGitHubのリポジトリ[2]にWebブラウザでアクセスし、「Clone or download」ボタンから「Download ZIP」を選択し、ダウンロードしたZIPファイルを展開してください。

▶コマンド5-1　vagrantfileのクローン作製

```
$ git clone https://github.com/hiyokotaisa/ansible_playbooks.git
```

カレントディレクトリにansible_playbooksディレクトリが作成されるので、その中のchapter5/vagrantディレクトリまで移動し、vagrant upコマンドを実行して新しい仮想マシンを起動します。

▶コマンド5-2　新しい仮想マシンの起動

```
$ cd ansible_playbooks/chapter5/vagrant
$ vagrant up
```

ここで構築するのは、次のような環境です。

---

[1] https://github.com/hiyokotaisa/ansible_playbooks
[2] https://github.com/hiyokotaisa/ansible_playbooks

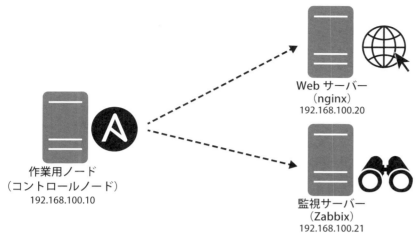

▲図5-1　構成図

作業用ノード（Ansibleコントロールノード）
　　192.168.100.10/24

Webサーバー（nginx）
　　192.168.100.20/24

監視サーバー（Zabbix）
　　192.168.100.21/24

　プレイブックを作成する上で重要なのは、「**何を自動化するかを明確にする**」ことです。作業手順書を作成する際には、あらかじめ運用で必要となる作業を洗い出しますが、Ansibleでも基本的には同様です。

　本章では、Webサーバー（Nginx）と監視サーバー（Zabbix）を構築し、それぞれの初期構築と、ZabbixでWebサーバーを監視する設定までを自動化します。技術書やインターネット上の記事などではWebサーバーの構築を自動化するシチュエーションはよく登場しますが、実際のエンタープライズの現場では、それだけだけではなく、構築後の監視設定も必須の作業です。

　したがって、ここでは実際の運用になるべく近づけるために、監視サーバーの自動化も併せて紹介するので、ぜひ実際に触って試してみてください。

　`vagrant up`コマンドを実行して仮想マシンが起動したら、次のコマンドで作業用ノードに接続します。

▶コマンド5-3　SSHでノードに接続
```
> vagrant ssh ansible
```

　vagrantユーザーのホームディレクトリにansible_playbooksディレクトリがあるので、プレイブックがあるディレクトリまで移動します。
　今回利用するVagrantfileでは、あらかじめAnsibleの作業用ノードにGitHubのリポジトリがクローンされます。

▶コマンド5-4　プレイブックがあるディレクトリに移動
```
$ cd ~/ansible_playbooks/chapter5/
```

5-1-2　インベントリの作成

　先ほどの構成図を見ると、3台のノードがあります。この中でAnsibleの作業用ノードを除くと、ターゲットホストはWebサーバーと監視サーバーの2台です。そこで、インベントリファイルは2台分を記述します。

▶リスト5-1　hosts
```
[web]
192.168.100.20 ansible_user=vagrant ansible_ssh_password=vagrant

[zabbix]
192.168.100.21 ansible_user=vagrant ansible_ssh_password=vagrant
```

　一般に、Linux環境ではコネクションプラグインとして「SSH」を指定します。なお、コネクションプラグインを何も指定しなかった場合は、デフォルトでSSHでの接続となります。

ターゲットホストの表示名を変更する

インベントリファイルには、名前解決な可能なホスト名、もしくはIPアドレスを定義します。しかし、プレイブック実行時に実際のホスト名やIPアドレスとは違う名前を表示させたい場合もあります。そのような場合は、次のようにansible_hostを定義すると、実際とは違う表示名を指定できます。ここで設定した表示名は、プレイブック実行時のターゲットノードの名前として表示されます。

```
[web]
web01 ansible_host=192.168.100.20

[zabbix]
zabbix ansible_host=192.168.100.21
```

また、今回は検証環境であるため、SSHの接続情報をホスト変数としてインベントリに記述しています。しかし、実際の環境ではパスワードを平文でファイルに保存することは、セキュリティ的に絶対に避けるべきなので、あとの章で解説するAnsible Vaultを利用して暗号化するなど、管理方法を検討しましょう。

5-1-3 プレイブックの作成

最初に、Webサーバーの構築から着手します。まずは、Webサーバーの構築に必要なタスクを洗い出してみましょう。環境やシステムにもよりますが、ここでは例として次のようなタスクを自動化します。

1. ホスト名の設定
2. 必須パッケージのインストール
3. コンテンツの配置
4. サービスの起動

これらの作業が完了すれば、Webサーバーとしてコンテンツを表示することはできそうです。どのようにAnsibleで実現するのか、1つずつ見ていきましょう。

1. ホスト名の変更

ターゲットノードのホスト名は、hostnameモジュールを使用すると変更できます。使い方は非常にシンプルで、nameパラメーターを指定するだけです。

▼表5-1 hostnameモジュールの主要パラメーター

主要パラメーター	概要
name	コピー元となるコントロールノード上のファイルパスを指定する

Webサーバーの場合であれば、次のように指定します。

▶リスト5-2 hostnameの書式

```
- hostname:
  name: web01
```

では、プレイブックを書いてみましょう。

第5章　Linuxサーバーを自動化してみよう

▶リスト5-3　プレイブックにhostsモジュールを記載する

```
- name: Change Hostname
  hostname:
    name: web01
```

　最初のうちは、実現したいことをプレイブックの上から順に書いていくことをお勧めします。第2章で説明したように、ロールなどを使った細分化を利用するほうが見通しはよくなりますし、分割できるのであればそれに越したことはありません。本書でも分割した書き方については説明します。しかし、これからAnsibleを学ぼうとしている人が、最初からエレガントなプレイブックを書こうとすると挫折してしまうでしょう。ここでは動かすことに集中し、慣れてきてからメンテナンスしやすい書き方ができるようになれば充分です。

2. 必須パッケージのインストール

　ここではCentOS 7.6を使っているので、パッケージのインストールにはyumモジュールが使用できます。yumモジュールは前半の章でも何度も登場しています。

▼表5-2　yumモジュールの主要パラメーター

主要パラメーター	概要
name	パッケージを指定する。パッケージ名はワイルドカード（「*」など）やバージョンも含めて指定することが可能
state	指定したパッケージの状態を定義する 　absent(removed)：指定されたパッケージを削除する 　present(installed)：指定されたパッケージが存在する。存在しなければインストールする。 　latest：指定されたパッケージが存在する。存在しない、もしくは最新バージョンでない場合は最新バージョンをインストールする。
enablerepo	このタスクの間だけ有効化するリポジトリを指定する

　ここでは、説明のために最小限のパラメーターのみを紹介しています。すべてのパラメーターを確認するには、Ansibleの公式ドキュメントページを参照してください。

　今回はWebサーバとしてNginxを利用するので、nginxを指定します。

▶リスト5-4　yumモジュールを使ってNginxをインストールする

```
- name: Install Nginx
  yum:
    name: nginx
    state: latest
```

3. コンテンツの配置

　公開するHTMLファイルや画像などのコンテンツをWebサーバーに配置します。いくつかの方法がありますが、ここではコントロールノード上のファイルをターゲットノードにコピーするcopyモジュールを使います。

▼表5-3　copyモジュールの主要パラメーター

主要パラメーター	概要
src	コピー元となるコントロールノード上のファイルパスを指定する
dest	コピー先となるターゲットノード上のファイルパスを指定する
owner	コピーされたファイルのオーナーを指定する
group	コピーされたファイルのグループを指定する
mode	コピーされたファイルのパーミッションを指定する

　タスクとしてYAML形式で書き出すと、次のようになります。

▶リスト5-5　copyモジュールを使ってファイルをコピーする

```
- name: Copy contents
  copy:
    src: ./contents/index.html
    dest: /usr/share/nginx/html
    owner: vagrant
```

4. サービスの起動

　ここまでくれば、あと一息です。CentOS 7.x以降ではsystemdを利用しているので、systemdモジュールを使ってサービスの起動や管理ができます。

▼表5-4　systemdモジュールの主要パラメーター

主要パラメーター	概要
name	対象のサービス名を指定する
state	対象サービスの状態を指定する reloaded：指定したサービスを再起動する restarted：指定したサービスを再読み込みする started：指定したサービスを開始する stopped：指定したサービスを停止する
enabled	対象サービスをブート時に自動起動させるかを指定する yes：自動起動させる no：自動起動させない
daemon_reload	対象サービスへの操作を実行する前に、設定ファイルを再読み込みさせる

第5章　Linuxサーバーを自動化してみよう

startedを指定してNginxを起動し、Webサーバーとして稼働できる状態にします。

▶ **リスト5-6　systemdモジュールを使ってWebサーバー（Nginx）を起動する**

```
- name: Start Nginx
  systemd:
    state: started
    name: nginx
```

これで、一通りのタスクが完成しました。

これらのタスクをinstall_nginx.ymlというプレイブックにまとめてみましょう。まとめたものがchapter5ディレクトリに収録されています。

▶ **リスト5-7　install_nginx.yml**

```
---
- name: Install Nginx
  hosts: web
  vars:
    ansible_become: yes
    ansible_become_method: sudo

  tasks:
    - name: Change Hostname
      hostname:
        name: web01

    - name: Install Nginx
      yum:
        name: nginx
        state: latest

    - name: Copy contents
      copy:
        src: ./contents
        dest: /usr/share/nginx/html
        owner: vagrant

    - name: Start Nginx
      systemd:
        state: started
        name: nginx
```

Ansible Galaxyを活用する

Nginxのインストールなど、一般的と思われる作業の自動化を自分で作るのは面倒だと思うかもしれません。Ansibleには「Ansible Galaxy」（https://galaxy.ansible.com/）というサービスがあり、ユーザーが作成したロールが公開されています。

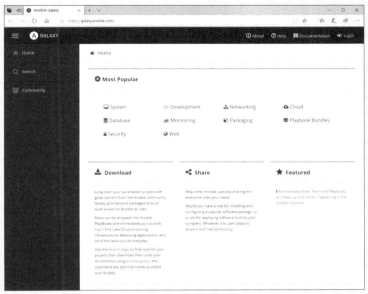

▲Ansible Galaxy

公開されている中から自分が実現したい自動化の内容と似たロールを探し、簡単に既存のプレイブックに追加できます。ただし、公開されているロールは玉石混淆なので、事前に検証環境等で十分にテストしてから利用するようにしてください。

第5章 Linuxサーバーを自動化してみよう

5 - 2
プレイブックを実行してみよう

　ここまでで、インベントリと、Nginxを動かすために必要な最低限のプレイブックを作成しました。では、Ansibleのコントロールノードにログインして、実際に実行してみましょう。

▶ コマンド5-5　プレイブックを実行

```
$ ansible-playbook -i hosts install_nginx.yml

PLAY [Install Nginx] ***************************************************
********

TASK [Gathering Facts] *************************************************
********
ok: [192.168.100.20]

TASK [Change Hostname] *************************************************
********
ok: [192.168.100.20]

TASK [Install Nginx] ***************************************************
********
changed: [192.168.100.20]

TASK [Copy contents] **************************************************
********
changed: [192.168.100.20]

TASK [Start Nginx] *****************************************************
********
changed: [192.168.100.20]

PLAY RECAP ************************************************************
********
192.168.100.20             : ok=5    changed=3    unreachable=0    faile
d=0    skipped=0    rescued=0    ignored=0
```

　無事に成功できたでしょうか。もしエラーが発生してしまった場合は、第4章で取り上げたトラブルシューティングの内容を思い出しながら、原因を探ってみましょう。仮想マシン内にすでにあるプレイブックではなく自分で作成したものである場合は、インデントやタイプミスがないかなど、

092

確認してください。

　無事にログインできたら、Webブラウザから「http://192.168.100.20/」に接続してみましょう。

▲図5-2　コントロールノードに接続

　このアドレスにアクセスでき、図5-2のように「Happy Automation」のページが表示されれば成功です。ホームディレクトリのcontentsディレクトリ内のHTMLファイルを書き換えたり、逆にWebサーバーを停止させるプレイブックを書いてみるなど、いろいろ試してみてください。

5-3 ロールに分割する

　これで、ひとまず動作するプレイブックが完成しました。このような単純なプレイブックであれば、分割せずに単一のプレイブックとして運用するほうが見通しがよくなります。しかし、自動化を進めるにつれてプレイブックは肥大化していくので、今後のメンテナンスのことを考えてもロールに分割する方法も理解しておきましょう。

5-3-1 ロールに分割するメリット

　第2章でロールについて説明しましたが、ロールとして小さな単位で処理を切り出すことには、次のようなメリットがあります。

- ほかのプレイブックにも流用でき、再利用性が高まる
- 肥大化したプレイブックの見通しがよくなる
- ロールとして機能を分離することで、チームでプレイブックを作成する際に開発の作業分担が容易になる

　先ほども述べたように、シンプルなプレイブックであれば、わざわざロールに切り出す必要性はありません。むしろ、ロールとして切り出すことにより、プロジェクト全体の構造が複雑になって見通しが悪くなってしまう可能性があるので、最初の一歩としては単一のプレイブックで記述し、自動化の規模に応じてをロールへの切り出しを検討するとよいでしょう。

5-3-2 プレイブックをロールに分割する

　では、実際に先ほど作成したプレイブックをロールに分割してみます。次のように、各タスクをロールとして切り出し、それぞれ`tasks`ディレクトリ下に`main.yml`を作成します。

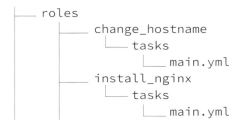

5-3　ロールに分割する

```
            ├──── copy_contents
            │        └──── tasks
            │                 └──── main.yml
            └──── start_nginx
                     └──── tasks
                              └──── main.yml
```

▶ **リスト5-8**　roles/change_hostname/tasks/main.yml

```
- name: Change Hostname
  hostname:
    name: web01
```

▶ **リスト5-9**　roles/install_nginx/tasks/main.yml

```
- name: Install Nginx
  yum:
    name: nginx
    state: latest
```

▶ **リスト5-10**　roles/copy_contents/tasks/main.yml

```
- name: Copy contents
  copy:
    src: ./contents/
    dest: /usr/share/nginx/html/
    owner: vagrant
```

▶ **リスト5-11**　roles/start_nginx/tasks/main.yml

```
- name: Start Nginx
  systemd:
    state: started
    name: nginx
```

　また、ロールを呼び出すプレイブックとして、main.ymlを作成します。「tasks:」ではなく「roles:」として各ロール名を指定することに注意してください。

▶ **リスト5-12**　main.yml

```
---
- hosts: all
```

095

```
vars:
  ansible_become: yes
  ansible_become_method: sudo
roles:
  - change_hostname
  - install_nginx
  - copy_contents
  - start_nginx
```

　当初のプレイブックと比べて、かなりすっきりしました。ロール化することによって、プレイブックそのものの行数がかなり削減できています。現在は4つのタスクしかありませんが、タスクが増えれば増えるほど、ロールの有用性は増します。「プレイブックが読みづらくなってきたな」と感じるようであれば、ロールに分割することを検討しましょう。

5-3-3 ロールの汎用性を高める

　先ほどのロールをよく確認すると、ホスト名やパッケージ名など、いくつかの値が固定で入力されています。「ロールとして切り出すことで再利用性が高まる」と説明しましたが、これではほかの環境では利用できません。しかも、実行したターゲットノードすべてが「web01」というホスト名になってしまいます。このプレイブックを実行する際はwebグループに制限して実行しましたが、インベントリにはzabbixグループも存在しているので、そちらの環境向けに実行してしまうと、Webサーバーとまったく同じ内容で実行されてしまいます。

　したがって、再利用性の高いロールを作成するためには、可能な限り環境に依存するパラメーターを記載せず、変数として参照する形にしたほうがよいでしょう。

　たとえば、先ほどのChange Hostnameのロールを、変数を参照する形に書き換えてみます。

▶リスト5-13　change_hostnameのロール

```
- name: Change Hostname
  hostname:
    name: "{{ node_hostname }}"
```

　ここでは、node_hostname変数を参照するように書き換えました。Ansibleでは、変数を参照する場合は「{{ }}」で囲います。しかし、この変数はまだ定義されていないので、このままプレイブックを実行するとエラーになってしまいます。

　そこで、ここではインベントリ内の変数として定義してみましょう。

▶リスト5-14　hosts

```
[web]
192.168.100.20 ansible_user=vagrant node_hostname=web01

[zabbix]
192.168.100.21 ansible_user=vagrant node_hostname=mon01
```

　これで、台数や実行する環境が変化しても、node_hostname変数が定義されていれば利用できます。このように、変数を活用すれば、プレイブックやロールに固定値がハードコーディングされることを防ぎ、必要に応じて柔軟に操作内容を変更できるようになります。

5-4 監視サーバー（Zabbix）を構築する

　Webサーバーが構築できたので、監視サーバーの構築に移ります。監視サーバーを新たに構築する機会はそれほど多くないかもしれませんが、運用においてはサーバーの監視は必須といえます。ここでは、Ansibleを利用してZabbixをインストールする手順を紹介します。

5-4-1　Zabbixとは

　Zabbixは、多くのエンタープライズ環境での導入実績がある統合監視ソフトウェアです。現在はZabbix LLCによって開発、サポートが行われています。

▲図5-3　Zabbix LLC公式サイト（https://www.zabbix.com/jp/）

　Zabbixのインストール手順は、Zabbixの公式ドキュメント[2]に掲載されているので、基本的なインストール手順はそちらに従います。

---

[2] https://www.zabbix.com/download?zabbix=4.2&os_distribution=red_hat_enterprise_linux&os_version=7&db=mysql

5-4-2　プレイブックの作成

前項のWebサーバーのインストールと比較して、Zabbixのインストールは少し複雑です。パッケージのインストールだけではなく、Zabbixが利用するデータベースとしてMariaDBのセットアップを実施したり、各種設定ファイルを変更したりといったことが必要になるからです。

とはいえ、基本的なプレイブックの作成手順は変わりません。インストールに必要な手順を洗い出し、対応するモジュールを選定してタスクを作成していきます。対応するモジュールがない場合には、shellモジュールなどによるコマンドの実行も検討する必要があります。

ここでは、次のような手順でセットアップを進めます。

1. SELinuxの無効化
2. Zabbixの関連パッケージのインストール
3. MariaDBのインストール
4. DBの初期設定
5. Zabbixの設定ファイル編集
6. Zabbixサービスの再起動

Webサーバーの構築と比較するとタスクが増えているので、必然的にプレイブックも長くなっていきます。したがって、状況に応じてロールとして分割することを検討しましょう。本章の例では単一のプレイブックで記載していますが、練習としてロールとして分割してみます。ロールの利点を体験できると思います。

プレイブックの作成に慣れないうちは、最初からロールとして分割するのは難しいでしょう。したがって、新たにプレイブックを作成するときには、まず単一のプレイブックにそれぞれタスクを作り込んでいき、ある程度形になったら必要に応じてロールに分割するとよいでしょう。二度手間にはなりますが、全体のタスクの流れを理解しながらロールを作成できます。

1.　SELinuxの無効化

本番環境で運用する場合は、SELinuxを無効化することは推奨されません。しかし、今回は検証手順の簡略化のため、無効にした状態で構築を進めます。SELinuxを有効化している場合は、適切なポリシーを設定しないと、Zabbixのサービスが起動できないので注意してください。

SELinuxの無効化には、selinuxモジュールを利用します。

● selinux：SELinux のポリシーを変更する

▼表5-5　selinux モジュールの主なパラメーター

パラメーター	概要
policy	SELinux のポリシーを指定する（targeted など）
state	SELinux のモードを指定する disabled：SELinux を恒久的に無効化する permissive：SELinux を一時的に無効化する enforcing：SELinux を有効化する

　SELinux の無効化はターゲットノードの再起動後にオンになります。そのため、SELinux の設定を変更後に、ターゲットノードを再起動する必要があります。今までのプレイブックの書き方では、単純に再起動するタスクを追加すればよいように思えますが、実際にはプレイブックを実行するたびに再起動を実施する必要はありません。再起動する必要があるのは、「SELinux の設定を変更した時」のみです。何も変更されていない時には不要な再起動は極力控えるべきです。

● ハンドラ（Handler）

　今回のようなケースでは、「ハンドラ（Handler）」の仕組みが役立ちます。ハンドラは、**指定されたタスクに変更があった場合のみに実行される処理**のことです。

　具体的には、次のようにタスクを記述します。

▶ リスト5-15　ハンドラを実行するためのタスク

```
tasks:
  - name: Disable SELinux
    selinux:
      state: disabled
    notify: Restart to Apply Configuration
```

　タスクの記述はこれまで通りですが、注目すべきは最下段の notify 行です。ここに、実行するハンドラを指定します。このタスクのステータスが「changed」になると、指定されたハンドラが実行されます。「changed」にならなかった場合（ok や skipped など）は実行されません。

　ハンドラは、「tasks」と同じ階層に「handlers」として別に定義します。ここでは、「Disable SELinux」のタスクが「changed」になったら、reboot モジュールを利用してターゲットノードを再起動します。

▶ リスト5-16　ハンドラの記述

```
handlers:
  - name: Restart to Apply Configuration
```

```
reboot:
    reboot_timeout: 3600
```

　注意しなければならないのは、このハンドラが実行されるのは「taskセクションに記載されたタスクがすべて終了した後」ということです。つまり、notifyを指定したタスクがchangedになったからといって、すぐさまハンドラが呼び出され、再起動の処理が実行されるわけではないので、実行される順序に注意しましょう。

　また、ハンドラが呼び出されたタスクの後続のタスクがFailedになり、プレイブックの実行に失敗した場合もハンドラは実行されません。失敗した場合もハンドラを強制的に実行したい場合は、ansible-playbookコマンドに--force-handlersオプションを指定します。

　rebootモジュールは、その名の通り、ノードを再起動させるモジュールです。このモジュールで再起動を実行した場合、ターゲットノードが再び接続可能になるまで自動的に待機します。

　ハンドラは、プレイブックの中にタスクとは別に定義することも、handlersディレクトリ内で定義することも可能です。Ansibleの公式ドキュメントで定義されている「Best Practice」[※3]では、**各ロールのhandlersディレクトリの中で定義することを推奨**しています。

●reboot：ターゲットノードを再起動する

▼表5-6　rebootモジュールの主なパラメーター

パラメーター	概要	
connect_timeout	接続がタイムアウトするまでの最大の秒数を指定する	
msg	再起動する前にログインしているユーザーに表示するメッセージを指定する	
pre_reboot_delay	再起動を実行する前に待機する秒数を指定する。デフォルトでは待機せずに、すぐさま再起動を実行する	
post_reboot_delay	再起動完了後に待機する秒数を指定する。デフォルトでは待機しない	
test_command	再起動後のターゲットホストでタスクの実行が可能かどうかを判断するためのコマンドを指定する。デフォルトではwhoamiコマンドを実行する	

　rebootモジュールはAnsible 2.7から利用可能ですが、これ以外の方法、たとえばshellモジュールで再起動を実施する場合、ターゲットノードが再起動してしまうので、Ansible側からはタイムアウトとして扱われ、以降のタスクが実行されなくなってしまいます。

　タイムアウトを防ぐには、次のようにwait_for_connectionモジュールを利用し、再び接続可能になるまで待機する必要があります。

※3　https://docs.ansible.com/ansible/latest/user_guide/playbooks_best_practices.html#task-and-handler-organization-for-a-role

▶**リスト5-17** タイムアウトを防ぐためにwait_for_connectionモジュールを利用する

```
handlers:
  - name: Restart to Apply Configuration
    shell: "gsleep 3 && reboot"h
    async: 1
    poll: 0

  - name: Wait for Reboot
    wait_for_connection:
      timeout: 120
      connect_timeout: 20
      delay: 10
      sleep: 5
```

● wait_for_connection：ターゲットノードが接続可能になるまで待機する

▼**表5-7** wait_for_connectionモジュールの主なパラメーター

パラメーター	概要
timeout	全体のタイムアウト値を指定する
connection_timeout	接続可能か確認する際の試行に対するタイムアウト値を指定する
delay	接続確認を開始するまでの秒数を指定する
sleep	接続確認の試行から次の試行までの待ち時間を指定する

1. delay で指定された秒数待機

コントロールノード　　　　　　　　　　　　　　ターゲットノード

2. 接続確認を行い、connection_timeout の時間が経過したらタイムアウトする

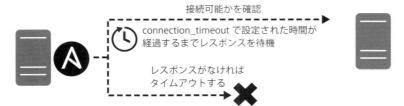

3. sleep で指定された時間を待機し、timeout で指定された秒数に到達するまで、2 の接続確認を繰り返す

▲**図5-4** wait_for_connectionモジュールの動作概要

また、今回は利用しませんが、wait_forモジュールを利用すれば、さまざまな条件を指定して待機させることが可能です。「ファイルが存在していたら」「ポートが通信可能になったら」など、柔軟に条件を指定できるので、ターゲットノードやサービスのリスタート、特定の処理の完了を待機するなど、さまざまなシチュエーションで役に立つので、ぜひ覚えておきましょう。

2. Zabbixの関連パッケージのインストール

ここまで何度も利用しているyumモジュールを利用します。まず、Zabbixのリポジトリを有効にします。今回は「Zabbix 4.2」をインストールするので、4.2向けのrpmを指定します。

▶ **リスト5-18　Zabbixリポジトリを有効化する**

```
- name: Enable Zabbix repo
  yum:
    name: http://repo.zabbix.com/zabbix/4.2/rhel/7/x86_64/zabbix-
release-4.2-2.el7.noarch.rpm
    state: present
```

その後、関連パッケージをインストールします。複数のパッケージをインストールする必要があるので、リストとして指定します。

▶ **リスト5-19　Zabbixおよび必要なパッケージをインストールする**

```
- name: Install Zabbix Packages
  yum:
    name:
      - epel-release
      - zabbix-server-mysql
      - zabbix-web-mysql
      - zabbix-web-japanese
      - zabbix-agent
      - MySQL-python
```

3. MariaDBのインストール

Zabbixでは「MySQL（MariaDB）」もしくは「PostgreSQL」のどちらかをバックエンドのデータベースとして利用します。本書ではMariaDBをインストールしますが、基本的な手順はPostgreSQLでも変わりません。

MariaDBのインストールには、Zabbix関連パッケージと同様にyumモジュールを利用します。Install Zabbix Packagesのタスク内でインストールすることもできますが、処理内容をわかりやすくするために別途タスクを定義しています。

第5章　Linuxサーバーを自動化してみよう

▶リスト5-20　MariaDBをインストールする

```
- name: Install MariaDB
  yum:
    name:
      - mariadb-server
```

MariaDBのサービスを起動させます。CentOS 7からはsystemdが採用されているので、Webサーバーの構築でも利用したsystemdモジュールを利用します。enabled: yesを指定すると、ホストを起動した際に自動的にサービスも起動します。

▶リスト5-21　MariaDBのサービスを起動する

```
- name: Start and Enable MariaDB Service
  systemd:
    name: mariadb
    state: started
    enabled: yes
```

4.　DBの初期設定

ここから少し複雑な手順になります。

まず、Zabbix用のデータベースを作成します。現時点では、MariaDBはMySQLとの互換性があるので、mysql_dbモジュールを利用できます。

▶リスト5-22　データベースを作成する

```
- name: Create Database
  mysql_db:
    name: "{{ DBName }}"
    state: present
    encoding: utf8
    collation: utf8_bin
```

104

5-4　監視サーバー（Zabbix）を構築する

●mysql_db：指定したコンディションになるまで待機する

▼表5-8　mysql_dbモジュールの主なパラメーター

パラメーター	概要
name	データベース名を指定する
state	指定したユーザーを作成もしくは削除する present：指定したユーザーを作成する absent：指定したユーザーを削除する dump：dumpを実行する import：インポートする
encoding	文字エンコードを指定する
collation	文字エンコードの照合順序（Collation）を指定する。MySQL（MariaDB）には文字エンコードと照合順序の2つの設定があるが、どちらも指定可能。新たにテーブルやデータベースを作成する際のみに有効

　DBを作成したら、ZabbixがDBへのアクセスに利用するDBユーザーを作成します。ユーザー名やパスワードも以降のタスクで利用するので、変数として定義します。

　privで、このユーザーに割り当てる権限を指定します。ここでは、Zabbixデータベースのすべてのテーブルに対して全権限を付与するという「zabbix.*:ALL,GRANT」を指定しています。指定できる権限の詳細は、MariaDBの公式ドキュメント[※1]を参照してください。

▶リスト5-23　DBユーザーを作成する

```
- name: Create DBUser with GRANT Option
  mysql_user:
    name: "{{ DBUser }}"
    state: present
    password: "{{ DBPassword }}"
    priv: 'zabbix.*:ALL,GRANT'
```

●mysql_user：MySQLのユーザーを管理する

▼表5-9　mysql_userモジュールの主なパラメーター

パラメーター	概要
name	ユーザー名を指定する
state	ユーザーの状態を指定する present：指定したユーザーを作成する absent：指定したユーザーを削除する
password	ユーザーのパスワードを指定する
priv	MySQL（MariaDB）の権限（priviredge）の文字列を指定する

※4　https://mariadb.com/kb/en/library/show-privileges/

ユーザー作成が完了したら、Zabbix用のスキーマファイルをインポートします。しかし、この処理はshellコマンドで実行するため、自分で冪等性を担保しなければなりません。そこで、「show tables」を実行し、テーブルがすでに存在しているかを確認します。その出力を「wc -l」コマンドを使って行数を確認し、実行結果をCheck_Tables変数に保持します。

ここで行っているように、registerに変数を指定すると、タスクの実行結果を変数に保持することができます。

▶リスト5-24　DBテーブルを確認する

```
- name: Check Table Count before Import Zabbix Schema File
  shell: mysql -u root -ss {{ DBName }} -e "show tables;" | wc -l
  register: check_tables
```

その後、スキーマファイルをインポートする処理を実行します。実行するコマンドは、Zabbixの公式ドキュメントのインストール手順に記載されているものです。

▶リスト5-25　スキーマファイルをインポートする

```
- name: Configure Zabbix DB
  shell: zcat /usr/share/doc/zabbix-server-mysql*/create.sql.gz |
mysql {{ DBName }} -u root
  when: check_tables.stdout == "0"
```

このとき、「when: check_tables.stdout == "0"」と記述することで、「Check_Tablesの出力が0であった場合」という条件を指定しています。Check_Tablesには「show tablesコマンドの出力結果の行数」が保持されているので、テーブルが存在すれば1以上に、存在しなければ0になっているはずです。

whenは、このように特定の条件に合致する場合のみ処理を実行したい場合に役立ちます。この例のような単純な変数の値の比較だけではなく、Pythonのテンプレートエンジン「Jinja2」[5]の記法を活用することで、Ansibleでは非常に柔軟な条件を設定できます。

Check_Tables.stdoutと指定していることに疑問を感じたかもしれません。実際にCheck_Tables変数の中身を確認すると、次のような構造のJSONデータになっています。

▶リスト5-26　check_tables変数の中身

```
"msg": {
    "changed": true,
    "cmd": "mysql -u root -ss zabbix -e \"show tables;\" | wc -l"
```

※5　https://palletsprojects.com/p/jinja/

```
,
        "delta": "0:00:00.010627",
        "end": "2019-11-08 09:34:34.589966",
        "failed": false,
        "rc": 0,
        "start": "2019-11-08 09:34:34.579339",
        "stderr": "",
        "stderr_lines": [],
        "stdout": "0",
        "stdout_lines": [
            "0"
        ]
    }
```

stdoutには標準出力が、つまり「wc -l」コマンドの実行結果が保持されているので、明示的に指定しているというわけです。

5. Zabbixの設定ファイル編集

Zabbixの設定ファイルを編集します。設定ファイルをlineinfileモジュールやreplaceモジュールで直接操作してもよいのですが、ここではremplateモジュールを使って、編集した設定ファイルをZabbixサーバーに配置します。

▶リスト5-27　zabbix_server.confを配置する

```
- name: Configure zabbix_server.conf
  template:
    src: templates/zabbix_server.conf.j2
    dest: /etc/zabbix/zabbix_server.conf
    owner: root
    group: zabbix
```

srcには配置するテンプレートファイルを、destには配置先を指定します。

では、zabbix_server.conf.j2の中身の一部を見てみましょう。なお、拡張子j2は、Jinja2テンプレートファイルであることを示しています。

▶リスト5-28　zabbix_server.conf.j2

```
### Option: DBUser
#  Database user.
#
# Mandatory: no
# Default:
# DBUser=
```

```
DBUser={{ DBUser }}

### Option: DBPassword
#  Database password.
#  Comment this line if no password is used.
#
# Mandatory: no
# Default:
# DBPassword=

DBPassword={{ DBPassword }}
```

「{{　}}」で囲われた変数の指定があることに気が付いたでしょう。Jinja2の記法では、配置先のディレクトリに配置される際に置き換えられます。つまり、設定ファイルの「テンプレート」になるファイルであるというわけです。テンプレートファイル内ではJinja2の変数やフィルタなどの記法が利用できるので、設定ファイルなどを柔軟に書き換えることが可能です。

また、Zabbixの日本語化のために、ロケールの設定を実施します。これにより、Zabbixのダッシュボードで日本語が選択できるようになります。

▶ リスト5-29　ロケールを設定する

```
- name: Set locale for Japanese Language setting on Zabbix
  shell: localedef -f UTF-8 -i ja_JP ja_JP
```

6.　Zabbixサービスの再起動

設定ファイルを変更したので、設定の適用のために各サービスを再起動します。

▶ リスト5-30　Zabbix関連サービスを再起動する

```
- name: Restart Zabbix Related Services
  systemd:
    name: "{{ item }}"
    state: restarted
    enabled: yes
  with_items:
    - zabbix-server
    - zabbix-agent
    - httpd
```

ここまでで、Zabbixのインストールを実行するタスクは作成できました。この例では、プレイブックの中にユーザー名やパスワードなどの情報を定義しているので、グループ変数として定義しておきましょう。

5-4 監視サーバー（Zabbix）を構築する

▶ リスト5-31　group_vars/zabbix.yml

```
---
DBName: "zabbix"
DBUser: "zabbix"
DBPassword: "password"
zabbix_repourl: "http://repo.zabbix.com/zabbix/4.2/rhel/7/x86_64/
zabbix-release-4.2-2.el7.noarch.rpm"
zabbix_packages:
  - epel-release
  - zabbix-server-mysql
  - zabbix-web-mysql
  - zabbix-web-japanese
  - zabbix-agent
  - MySQL-python

zabbix_services:
  - zabbix-server
  - zabbix-agent
  - httpd

zabbix_login_user: "Admin"
zabbix_login_password: "zabbix"
zabbix_server_url: "http://192.168.100.21/zabbix/"
```

先ほどの例で直接値を指定していた箇所は、変数を呼び出すように変更しておきます。

このように必要な情報をグループ変数もしくはホスト変数として定義しておくことで、ログイン情報などをハードコーディングすることなくプレイブックを作成できます。

5-4-3　プレイブックの実行とZabbixの初期設定

実際に、このプレイブックを実行してみましょう。install_zabbix.ymlファイルを指定して、ansible-playbookコマンドを実行します。

▶ コマンド5-6　ansible-playbookコマンドの実行

```
$ ansible-playbook -i hosts install_zabbix.yml
```

実行が完了したら、Webブラウザで「http://192.168.100.21/zabbix」にアクセスしてみます。次のような画面が表示されることを確認し、「Next step」ボタンを押します。

109

▲図5-5　Zabbixを導入したサーバーにWebブラウザでアクセスする

　Zabbixノードが前提条件を満たしているかの確認結果が表示されるので、すべて「OK」になっていることを確認し、「Next step」ボタンを押します。

▲図5-6　チェック項目がすべてOKになっていることを確認する

　DBの接続設定画面に遷移するので、DBユーザーのパスワード（password）を入力し、「Next step」ボタンを押します。

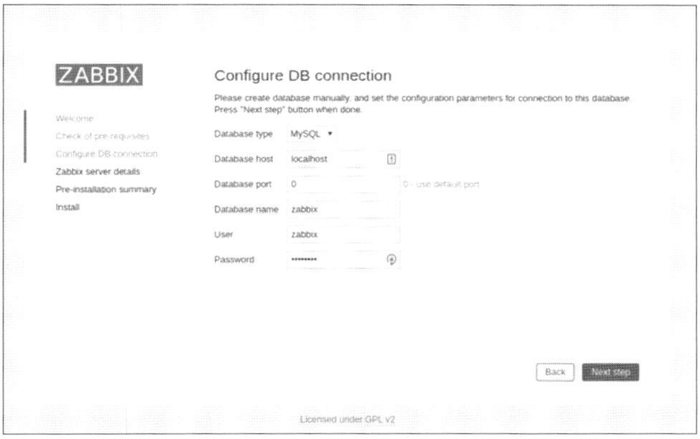

5-4 監視サーバー (Zabbix) を構築する

▲図5-7 DBの接続設定

　ここまでで設定した内容のサマリーが表示されるので、問題がなければ「Next step」ボタンを押すと、初期セットアップが開始されます。

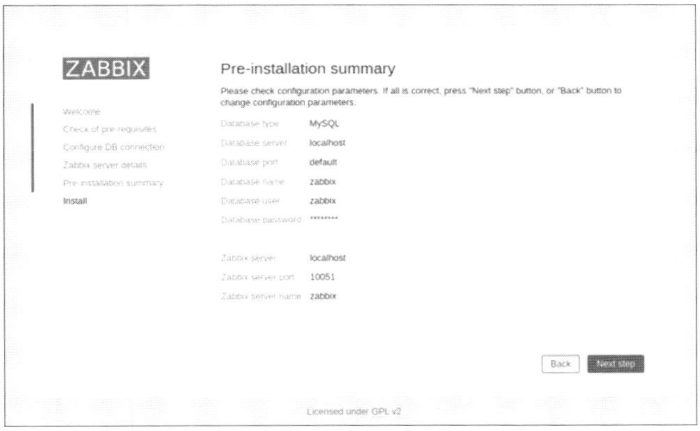

▲図5-8 設定した各パラメーターのサマリー

　セットアップが完了すると、次のような画面が表示されるので、「Finish」ボタンを押して初期セットアップを終了します。

111

▲図5-9　Zabbixのフロントエンドの導入が完了

ログイン画面が表示されるので、ログイン情報を入力して、ログインします。ログイン情報は、次のとおりです。

- ID：Admin
- Password：zabbix

▲図5-10　Zabbixのログイン画面

ログインが完了すると、図5-11のようなダッシュボード画面が表示されます。デフォルトでは英語での表示になっているので、右上のユーザーのアイコンをクリックして言語設定を変更します。

▲図5-11　Zabbixのダッシュボード画面（初期設定状態）

初期設定では「Language」が「English (en_GB)」になっているので、「Japanse (ja_JP)」に変更して、「Update」ボタンを押します。

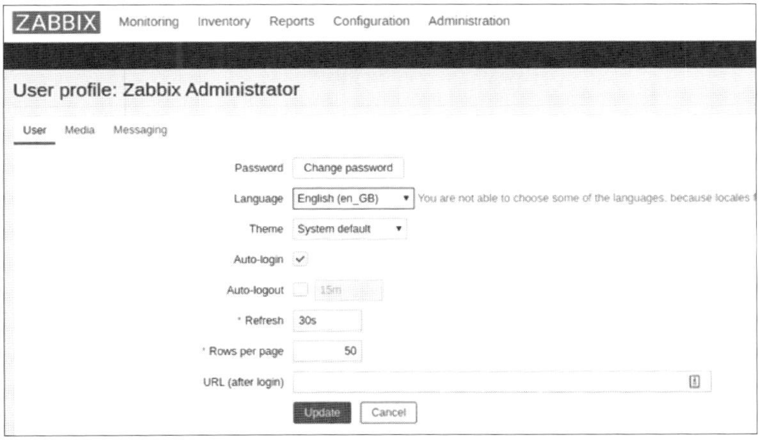

▲図5-12　「Language」を「Japanese (ja_JP)」に変更する

これで、ダッシュボードを含めたすべてのUIが日本語に切り替わります。

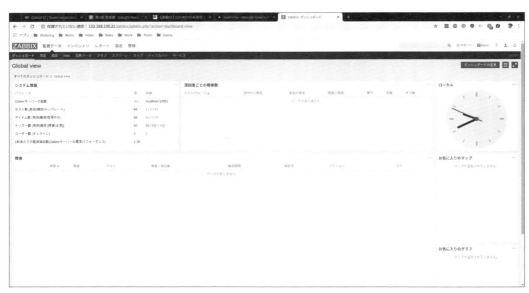

▲図5-13　UIが日本語になったZabbix

これで、Zabbixの初期設定は完了です。

5-5　監視サーバー（Zabbix）にホストを追加する

5 - 5
監視サーバー（Zabbix）にホストを追加する

　構築したWebサーバーをZabbixで監視するように設定してみましょう。Zabbixでホストを監視する方法は、いくつかあります。

- zabbix-agentをホストにインストールし、リソースの状態などを収集する
- Zabbix側で直接ホストのポートに接続し、アクセスが可能かをチェックする

　zabbix-agentをインストールすると、ディスクの空き容量やCPU、メモリの使用率といった詳細なリソース監視を実施できます。しかし、今回の要件は「Webサーバーがアクセス可能か監視すること」であって、そこまでの機能は必要ないため、zabbix-agentのインストールは行いません。ZabbixからHTTPでWebページにアクセス可能かをチェックし、できない場合はサーバーダウンと判断する監視を設定してみましょう。

　Zabbixの「テンプレート」という機能を使うと、監視設定をテンプレート化して、登録したホストやグループに適用できます。これにより、監視対象ごとに設定を作り込む必要がなくなるため、とても便利です。ホストをZabbixに追加する際に、併せてデフォルトで用意されているWebサーバー向けのテンプレートも適用します。

5-5-1　プレイブックの作成

　ここでは、次のような作業を自動化するプレイブックを作成していきます。

- ZabbixサーバーへWebサーバー（web01）を登録
- HTTPによる監視設定のテンプレートを適用

　これらの作業をWebサーバーやZabbixサーバー上で実行する必要はありません。Zabbix APIを通じて、Ansibleによって設定を変更します。

　まずは次のタスクを作成します。

- Zabbix APIを利用するためのパッケージをインストールする
- WebサーバーをZabbixに登録する

　実際のプレイブックは、次のようになります。

第1章
第2章
第3章
第4章
第5章
第6章
第7章
第8章
第9章
第10章

第5章 Linuxサーバーを自動化してみよう

▶ リスト5-32 add_zabbix_host.yml

```
- name: Add Zabbix Host
  hosts: localhost
  connection: local
  vars:
    ansible_become: yes
    ansible_become_method: sudo
    ansible_become_password: vagrant
  tasks:
  - name: Include Zabbix Vars File
    include_vars: "./group_vars/zabbix.yml"

  - name: Install Required Package
    yum:
      name: python2-pip
      state: present

  - name: install zabbix-api
    pip:
      name: zabbix-api
      state: present

  - name: Add Zabbix Host Entry
    zabbix_host:
      server_url: "{{ zabbix_server_url }}"
      login_user: "{{ zabbix_login_user }}"
      login_password: "{{ zabbix_login_password }}"
      host_name: 192.168.100.20
      visible_name: web01
      description: Added from Ansible
      host_groups:
        - Linux servers
      link_templates:
        - Template App HTTP Service
      interfaces:
      - type: 1
        main: 1
        useip: 1
        ip: 192.168.100.20
        port: 80
        state: present
```

変数ファイルをインポートする（include_vars）

このプレイブックはZabbixサーバー上で実行する必要がないため、localhost（コントロールノード）に対して実行しています。しかし、DBのログイン情報などはzabbixグループの変数として定義しているので、このプレイブックを実行する際には読み込まれません。

このような問題の解決にはいくつかの方法がありますが、ここでは単純に変数ファイルをinclude_varsモジュールで直接インポートしています。

▶リスト5-33　変数のインポート部分

```
- name: Include Zabbix Vars File
  include_vars: "./group_vars/zabbix.yml"
```

Zabbix APIを利用するためのパッケージをインストール

pip経由でzabbix-apiモジュールを導入するために、まずはyumモジュールを使ってpython2-pipをインストールしています。その後、pipモジュールを使ってzabbix-apiモジュールをインストールします。

▶リスト5-34　zabbix-apiモジュールの導入

```
- name: Install Required Package
  yum:
    name: python2-pip
    state: present

- name: install zabbix-api
  pip:
    name: zabbix-api
    state: present
```

WebサーバーをZabbixに登録する

ホストをZabbixに登録するには、zabbix_hostモジュールを利用します。サーバーのURLやユーザーは先ほどインポートした変数ファイルに定義されているので、該当する変数を指定します。

▶リスト5-35　zabbix-hostモジュールの導入と設定

```
- name: Add Zabbix Host Entry
  zabbix_host:
    server_url: "{{ zabbix_server_url }}"
    login_user: "{{ zabbix_login_user }}"
    login_password: "{{ zabbix_login_password }}"
    host_name: 192.168.100.20
    visible_name: web01
    description: Added from Ansible
    host_groups:
      - Linux servers
    link_templates:
      - Template App HTTP Service
    interfaces:
```

```
    - type: 1
      main: 1
      useip: 1
      ip: 192.168.100.20
      port: 80
      state: present
```

▼表5-5　zabbix_hostの主なパラメーター

パラメーター	概要
server_url	ZabbixのURLを指定する
login_user	Zabbixにログインする際のユーザー名を指定する
login_password	Zabbixにログインする際のパスワードを指定する
visible_name	Zabbix上で表示される名前を指定する
description	Zabbix上で表示されるホストの説明文を指定する
host_groups	対象ホストが所属するホストグループを指定する
link_templates	対象ホストに紐付けるテンプレートを指定する。ここではWebサーバー向けの「Template App HTTP Service」を指定している
interfaces	対象ホストのインターフェイスを指定する。詳細な指定方法については、Zabbix APIの公式ドキュメント[6]を参照のこと

5-5-2 プレイブックの実行

　では、このプレイブックを実行してみましょう。add_zabbix_host.ymlファイルを指定して、ansible-playbookコマンドを実行します。

▶コマンド5-7　add_zabbix_host.ymlの実行

```
$ ansible-playbook -i hosts add_zabbix_host.yml
```

　実行したら、Zabbixの管理画面にアクセスし、「設定」から「ホスト」を開きます。そして「web01」がホストに登録されていることを確認します。

※6　tps://www.zabbix.com/documentation/2.0/manual/appendix/api/hostinterface/definitions#host_interface

5-5 監視サーバー（Zabbix）にホストを追加する

▲図5-14　表示名「web01」が追加されている

では、監視ができているかをテストしてみましょう。左上のメニューから「監視データ」の「最新データ」のページを開き、「HTTP service」が監視されているかをチェックします。テンプレートが正しく適用されており、Webサーバーが起動していれば、右下の「最新の値」に「Up」と表示されます。

▲図5-15　HTTPサービスが動作しているかを確認する

では、試しにWebサーバーをダウンさせてみましょう。AnsibleノードからWebサーバーに次のようなコマンドでSSH接続します。パスワードには「vagrant」を指定します。

▶コマンド5-8　WebサーバーにSSHでログインする
```
$ ssh vagrant@192.168.100.20
```

SSHログインしたら、systemctlコマンドでNginxを停止させます。

第5章　Linuxサーバーを自動化してみよう

▶ コマンド5-9　systemctlコマンドでnginxを停止させる

```
$ sudo systemctl stop nginx
```

停止後しばらくすると、Zabbix管理画面の右下の「最新の値」が「Down」に変換わります。

▶ 図5-16　HTTPサービスが停止する

しばらく時間が経過してからダッシュボードに戻ってみると、障害として「HTTP service is down on web01」と表示されているはずです。

▶ 図5-17　Ansibleダッシュボードの警告表示

これで、ZabbixでWebサーバーを監視する設定ができました。

Ansibleを活用すると、監視サーバーへのホストの登録をとても簡単に自動化できます。Ansibleに慣れるには、いろいろな環境の自動化を試してみるのが一番です。ここでは単純なプレイブックを紹介しましたが、zabbix-agentを使った監視や、Webサーバー以外の監視など、いろいろなシナリオを試してみてください。

5 - 6
Ansible Vault を活用する

　パスワードをテキストファイルに平文で保存することはセキュリティ的に好ましいとはいえません。実際の運用ではターゲットノードのパスワードの保管方法を検討する必要があります。

　Ansible Valutは、Ansibleにおける暗号化の仕組みです。Ansible Vaultが暗号化できるのは、「インベントリファイル」「変数」の2種類です。

　Ansible Vaultを利用すると、インベントリファイル内にターゲットノードのログイン情報を記述しているような場合でも、セキュリティを確保できます。本書では説明をシンプルにするためにAnsible Vaultを利用せずに操作をしていますが、実際の運用環境ではセキュリティを考慮し、Ansible Vaultの導入もしくは、第10章で紹介する**Ansible Tower（AWX）のクレデンシャル機能**を利用することをお勧めします。

暗号化されたインベントリファイルを新規作成する
　次のコマンドを実行すると、暗号化された状態でインベントリファイルが新規に作成されます。

▶コマンド5-10　ansible-vaultの実行
```
$ ansible-vault create <インベントリファイル名>
```

　実行すると、パスワードの入力を求められたあと、環境変数$EDITORで指定しているデフォルトのテキストエディタ（CentOS 7では`vim-minimal`）を起動し、ファイルを作成します。

　暗号化処理が完了したインベントリファイルを開くと、次のように暗号化されたテキストファイルになっています。

▶リスト5-36　暗号化されたインベントリファイル
```
$ANSIBLE_VAULT;1.1;AES256
35383435663936633039393863303137353934653765386464636538336133396561
33336383536
35626462613165316363663531623532663332623763331300a34366332356233323
33638623063
（以下略）
```

　1行目はAnsible Vaultのプロパティを示しています。2行目以降は実際に暗号化されたインベントリファイルの情報です。

121

▼表5-6　Ansible Vaultのプロパティ

プロパティ	概要
$ANSIBLE_VAULT	Vaultのフォーマット IDで、Ansible Vaultで暗号化されたファイルであることを示す
1.1	Vaultのフォーマットバージョンを表す。執筆時点では「1.1」もしくは「1.2」のどちらかのみをサポートしている
AES256	暗号形式を示す。執筆時点では、AES256のみをサポートしている

暗号化されたインベントリファイルを編集する

　すでに暗号化されたインベントリファイルは、そのままでは編集できません。次のコマンドを実行し、暗号化する際に指定したパスワードを入力すると編集が可能になります。

▶リスト5-37　暗号化されたインベントリファイルを編集する

```
$ ansible-vault edit <インベントリファイル>
```

　暗号化を解除する場合は、次のコマンドを実行します

▶リスト5-38　インベントリファイルの暗号化を解除する

```
$ ansible-vault decrypt <インベントリファイル>
```

　既存の暗号化されていないインベントリファイルを暗号化するには、次のコマンドを実行します。

▶リスト5-39　暗号化されていないインベントリファイルを暗号化する

```
$ ansible-vault encrypt <インベントリファイル>
```

第 6 章

Windows Serverを
自動化してみよう

Ansibleは、Windows環境の自動化にも活用できます。Active Directoryによるユーザー管理や社内ファイルサーバーなど、Windows ServerとLinux環境を同時に管理しなければならないことは多々あります。その際に別々の自動化ツールを使うと学習や運用のコストが大きくなってしまいます。しかし、Ansibleであれば、モジュールやコネクションモジュールの差異こそあるものの、ほとんど同じ感覚で使うことができます。

6 - 1
検証環境の構築

　Windows Serverの自動化に関しては、第5章で説明したのとは異なり、Vagrantによる環境の構築はライセンスなどの問題があるため取り上げません。AWSや自前のWindows PCを利用することで同様の検証が可能なので、環境を用意して手元で試してみることをお勧めします。

　本書ではWindows Server 2019を前提にしていますが、ほかのバージョンのWindows Serverでも大きな違いはありません。

　Ansibleが管理できるWindowsノードの環境は、表6-1の通りです。Windowsの自動化を検討する際には、この条件を満たしているかを確認しておきましょう。

▼表6-1　Ansibleで管理可能なWindowsノードの環境

Windows	Windows 7 ／ 8.1 ／ 10、Windows Server 2008 ／ 2008 R2 ／ 2012 ／ 2012 R2 ／ 2016 ／ 2019.
PowerShell	PowerShell 3.0以上
.NET	.NET 4.0

6-2 接続してみよう

6 - 2
接続してみよう

6-2-1 事前準備

Windows Serverには、通常の方法ではLinuxで使用したSSH経由での接続はできません。Windowsには**WinRM**（Windows Remote Management）というリモート接続のための仕組みがあり、Ansibleではコネクションプラグインに「winrm」を指定することで、Windows Serverに接続できます。

WinRMでの接続を利用するには、いくつかの事前準備が必要です。まず、Ansibleのコントロールノードにpywinrm[1]をインストールしておきます。pipを利用して、次のようにしてインストールできます。

▶コマンド6-1 　pywinrmのインストール
```
$ sudo pip isntall pywinrm
```

また、ターゲットノードとなるWindows Serverの「Windows リモート管理（WinRM）サービス」は、デフォルトではオフになっています。したがって、プレイブックを実行する前に、Windows Server側でWinRMを有効化しておきます。WinRMの有効化は手動でも実施できますが、自動でセットアップできるPowerShellスクリプトがAnsibleコミュニティから配布されている[2]ので、このスクリプトを利用するのがもっとも簡単かつ確実な方法です。

WinRMは、デフォルトではHTTPの場合はTCP/5985、HTTPSの場合はTCP/5986のポートを利用します。コントロールノードとターゲットノードの間にファイアウォールが存在する場合は、これらのポート経由の接続を許可しておきます。

Windows側のWinRM設定を確認するには、次のコマンドをPowerShellかコマンドプロンプトで実行します。

▶コマンド6-2 　WinRMの設定確認
```
> winrm get winrm/config
```

コマンド6-2を実行すると、次のような結果が出力されるはずです。

※1 https://github.com/diyan/pywinrm/
※2 https://github.com/ansible/ansible/blob/devel/examples/scripts/ConfigureRemotingForAnsible.ps1

▶ コマンド6-3　実行結果

```
Config
    MaxEnvelopeSizekb = 500
    MaxTimeoutms = 60000
    MaxBatchItems = 32000
    MaxProviderRequests = 4294967295
    Client
        NetworkDelayms = 5000
        URLPrefix = wsman
        AllowUnencrypted = false
        Auth
            Basic = true
            Digest = true
            Kerberos = true
            Negotiate = true
            Certificate = true
            CredSSP = false
        DefaultPorts
            HTTP = 5985
            HTTPS = 5986
        TrustedHosts
    Service
        RootSDDL = O:NSG:BAD:P(A;;GA;;;BA)(A;;GR;;;IU)S:P(AU;FA;GA;;;WD)
(AU;SA;GXGW;;;WD)
        MaxConcurrentOperations = 4294967295
        MaxConcurrentOperationsPerUser = 1500
        EnumerationTimeoutms = 240000
        MaxConnections = 300
        MaxPacketRetrievalTimeSeconds = 120
        AllowUnencrypted = false
        Auth
            Basic = true
            Kerberos = true
            Negotiate = true
            Certificate = false
            CredSSP = false
            CbtHardeningLevel = Relaxed
        DefaultPorts
            HTTP = 5985
            HTTPS = 5986
        IPv4Filter = *
        IPv6Filter = *
        EnableCompatibilityHttpListener = false
        EnableCompatibilityHttpsListener = false
        CertificateThumbprint
        AllowRemoteAccess = true
    Winrs
        AllowRemoteShellAccess = true
```

```
        IdleTimeout = 7200000
        MaxConcurrentUsers = 2147483647
        MaxShellRunTime = 2147483647
        MaxProcessesPerShell = 2147483647
        MaxMemoryPerShellMB = 2147483647
        MaxShellsPerUser = 2147483647
```

　これを読み解くことで、WinRMが待ち受けているポート、許可している認証方式などが確認できます。特に重要なのは次の出力部分です。

▶コマンド6-4　実行結果の抜粋

```
    Service
        RootSDDL =
        (中略)
        Auth
            Basic = true
            Kerberos = true
            Negotiate = true
            Certificate = false
            CredSSP = false
```

　Auth以下の出力を確認すると、どの認証方式が利用可能かを確認できます。デフォルトでは、「基本認証」「Kerberos」「Negotiate（NTLM）」が利用可能です。
　また、現在待ち受けているポートを確認するには、次のコマンドを実行します。

▶コマンド6-5　WinRMの待ち受けポートの確認

```
> winrm enumerate winrm/config/listener
```

　この出力結果で、WinRMのリスナー設定が確認できます。

▶コマンド6-6　実行結果

```
Listener
    Address = *
    Transport = HTTP
    Port = 5985
    Hostname
    Enabled = true
    URLPrefix = wsman
    CertificateThumbprint
    ListeningOn = 127.0.0.1, 172.31.12.223, ::1, fe80::6161:611e:b642:a8
2e%4
```

```
Listener
    Address = *
    Transport = HTTPS
    Port = 5986
    Hostname = TEST
    Enabled = true
    URLPrefix = wsman
    CertificateThumbprint = 72EFEA……………..EB1CCBD5
    ListeningOn = 127.0.0.1, 172.31.12.223, ::1, fe80::6161:611e:b642:a8
2e%4
```

この実行結果からは、デフォルトポートの5985（HTTP）と5986（HTTPS）で待ち受けていることがわかります。

6-2-2 認証方式

WinRMでは、さまざまな認証方式を利用できます。デフォルトで対応しているために準備や設定が不要なものもあれば、別途パッケージの導入やコントロールノードとターゲットノードそれぞれでの作業が必要なものもあります。システムの要件に応じて認証方式を検討しましょう。

基本（Basic）認証

ユーザー名とパスワードを利用する、名前の通り、もっとも基本的でシンプルな認証方式です。しかし、HTTP経由であれば平文でユーザー名とパスワードがやりとりされるので、セキュリティ面では脆弱です。Kerberosなどでは可能なHTTP上での暗号化も利用できません。ドメインユーザーに対する接続では使用できず、ローカルユーザーのみに利用可能です。

基本認証では、次のように変数を指定します。

▶リスト6-1　基本認証のための変数設定

```
ansible_user: test
ansible_password: password
ansible_connection: winrm
ansible_winrm_transport: basic
```

証明書（Certificate）認証

証明書を利用する認証方式です。仕組みはSSHの証明書認証と似ています。基本認証と同様に、HTTP上での暗号化は利用できません。証明書認証は通常のWindows環境では有効ではないため、PowerShellで次のコマンドレットを実行して有効化しておきます。

▶コマンド6-7　証明書認証を有効化するためのコマンドレット

```
> Set-Item -Path WSMan:\localhost\Service\Auth\Certificate -Value $true
```

認証に使用する証明書は、次のいずれかの方法で発行することができます。

- OpenSSL
- PowerShelの`New-SelfSignedCertificate`コマンドレット
- Active Directory証明書サービス（AD CS）

詳細な手順については本書では割愛します。証明書の発行方法については、Ansibleの公式ドキュメント[3]を参照してください。

証明書認証では、次のように変数を指定します。

▶リスト6-2　証明書認証のための変数設定

```
ansible_connection: winrm
ansible_winrm_cert_pem: <公開鍵のパス>
ansible_winrm_cert_key_pem: <秘密鍵のパス>
ansible_winrm_transport: certificate
```

NTLM（NT LAN Manager）認証

Windows NT 3.1以降で非常によく使われている認証方式です。現在はKerberos認証を使用することが多いのですが、ドメインに属さないサーバーなどに対しては現在でも使用されます。また、WinRMを有効にしているWindows環境であれば、特別な設定をせずに利用可能です。しかし、比較的古いプロトコルのため、最新の暗号化方式に対応していなかったり、のちほど説明する「**権限委譲**（Credential Delegation）」ができなかったりといった制約があります。

NTLM認証では、次のように変数を指定します。

▶リスト6-3　NTLM認証のための変数設定

```
ansible_user: <ユーザー名>
ansible_password: <パスワード>
ansible_connection: winrm
ansible_winrm_transport: ntlm
```

※3　https://docs.ansible.com/ansible/latest/user_guide/windows_winrm.html#generate-a-certificate

Kerberos認証

　Windows 2000以降で利用可能になった認証方式です。Active Directoryのドメインに属している環境に対して接続する際に、主に使用されています。セキュリティ面でも優れていますが、Kerberos認証を利用するにはAnsibleのコントロールノードにパッケージを導入するなど、いくつかの事前準備が必要です。

　Kerberos認証は、接続元のクライアント（プリンシパル）からドメインコントローラーに対してチケットの発行要求を行い、認証されるとドメインコントローラーからチケットが発行され、ログインが許可されるという仕組みです。**WinRMの接続におけるトラブルの多くは正しくKerberos認証の設定がされていないことに起因する**ものです。もしKerberos認証の接続がうまくいかない場合は、Kerberos認証の設定の問題なのか、WinRMの設定なのか、別の認証方式を試してみてトラブルシュートするとよいでしょう。

　Kerberosでは、認証情報を接続先のサーバーと直接やり取りすることはありません。その代わりに、「Kerberosからアクセスが許可された証明書（チケット）」を接続先のサーバーに提示し、証明書が有効であればアクセスが許可されます。このようにすることによって、よりセキュアな認証を実現できます。

　ここで理解しておかなければならないのは、Kerberosには「TGT（Ticket Granting Ticket）」と「ST（Service Ticket）」という2種類のチケットが存在するということです。

・TGT（Ticket Granting Ticket）

　TGTは「サービスチケットを要求できる権利」のためのチケットです。Kerberosでは、TGTを持っていないクライアントは接続先のサーバーの認証を要求できません。

　クライアントは、ユーザーの認証情報とともに、Active Directory（正確にはTGS）にTGTを発行するように要求します。Active Directoryは、認証情報を確認し、TGTをクライアントに送りつけます。

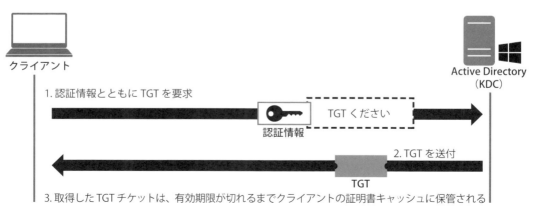

▲図6-1　TGT（Ticket Granting Ticket）の取得

Linuxでは、`kinit`コマンドを利用して、TGTを要求できます。

・ST（Service Ticket）

STは、「サーバーにアクセスするための許可証」です。接続先のサーバーに接続する際には、このサービスチケットを提示して接続します。

サーバーに接続して認証する場合は、まずActive Directory（正確にはAS）に対して「サーバーに接続するためのチケット」を要求します。その際に、あらかじめ保持していたTGTを提示します。問題がなければ、Active Directoryはサービスチケット（ST）をクライアントに送付し、クライアントはそのSTを接続先のサーバーに提示してアクセスします。

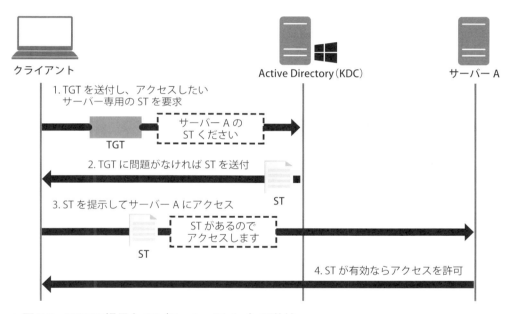

▲図6-2　TGTの提示とST（Service Ticket）の送付

Kerberosの用語はいささか難解ですが、これらの認証のイメージをつかんでおかないと、Kerberosの認証エラーが発生した際にどのステップで問題が起きているのかが想像できず、トラブルシュートが難しくなってしまいます。したがって、この機会に簡単な流れだけでも覚えてしまいましょう。

Ansible 2.3以降からは、「`ansible_user`」「`ansible_password`」という2つの変数の設定値に基づいて、自動でKerberosのチケットを管理できます。

Kerberos認証を利用する場合は、次のように変数を定義します。

▶リスト6-4　Kerberos認証のための変数設定

```
ansible_user: <ユーザー名>@<ドメイン名>
ansible_password: <パスワード>
ansible_connection: winrm
ansible_winrm_transport: kerberos
```

　また、表6-2にまとめた変数を定義して、チケットの管理やKerberos認証に関わる挙動を変更することもできます。

▼表6-2　Kerberos認証の動作を設定する変数

変数名	概要
ansible_winrm_kinit_mode	Kerberosチケットの管理方法を指定する。デフォルトではAnsibleが自動でチケットを管理する managed：Ansibleが「ansible_user」「ansible_password」の設定に基いて自動でチケットを管理する manual：自動でチケットを発行しない
ansible_winrm_kinit_cmd	Kerberosチケットを発行するためのコマンドを指定する。デフォルトではkinitを利用する
ansible_winrm_kerberos_delegation	複数のホストを経由した権限委譲を許可する

コントロールノード側の設定

　Kerberos認証を利用するには、コントロールノード側でも事前準備が必要です。それには、「python-devel」「krb5-devel」「krb5-libs」「krb5-workstation」のパッケージをインストールします。RHEL / CentOSであれば、次のコマンドでインストールできます。

▶コマンド6-8　Kerberos認証に必要なパッケージのインストール

```
$ sudo yum -y install python-devel krb5-devel krb5-libs krb5-workstation
```

　また、pywinrmパッケージと併せてpython-kerberosパッケージの導入が必要です。次のコマンドで、両方を導入することが可能です。

▶コマンド6-9　「pywinrm」「python-kerberos」パッケージのインストール

```
$ pip install pywinrm[kerberos]
```

　パッケージを導入後、/etc/krb5.confを変更します。ここにはKerberos認証を利用する上での設定を記述します。この設定ファイル内の各パラメータでは、大文字小文字が区別されるので

注意しましょう。

Kerberosで認証を管理する範囲を「レルム」と呼びます。通常は、ドメインと同義になります。また、レルム名は大文字で記述します。リスト6-5は krb5.conf の一例です。

▶リスト6-5　/etc/krb5.conf

```
# Configuration snippets may be placed in this directory as well
includedir /etc/krb5.conf.d/
[libdefaults]
 default_realm = HIYOKO.LOCAL    # デフォルトで使用するレルムを指定

[realms]
 HIYOKO.LOCAL = {
  kdc = ad.hiyoko.local           # ADサーバーのFQDNを指定
  admin_server = ad.hiyoko.local  # ADサーバーのFQDNを指定
  default_domain = hiyoko.local   # デフォルトのドメイン名を指定
 }
[domain_realm]
 .hiyoko.local = HIYOKO.LOCAL
 hiyoko.local = HIYOKO.LOCAL
```

krb5.conf を編集したら、kinit コマンドを実行し、Active Directory（TGS）に対してTGTを要求します。デフォルトの設定では、チケットの有効期限は24時間です。また、klist コマンドを利用すると、現在保管しているチケットの一覧を確認できます。

> **Kerberos認証は時刻同期が大事？**
>
> Kerberos認証は、悪意ある第三者によるなりすましを防ぐためにチケット内にタイムスタンプを持っており、この時刻に5分以上のズレがあると認証が失敗するようになっています。そのため、接続するクライアントとドメインコントローラーの時刻が同期されている必要があります。Kerberos認証のトラブルシューティングでは、時刻同期が正しく行われているかを確認することも重要です。

CredSSP（Credential Security Support Provider）認証

Windows Vista以降で利用可能になった認証方式で、Windowsが提供する「**セキュリティサポートプロバイダーインターフェイス（SSPI）**」という仕組みを利用しています。リモート認証において認証情報の移譲が可能なことが大きな特徴です。

CredSSPを利用する場合は、先ほどの設定用スクリプトを実行する際に、次のようにオプションを付与します。

▶コマンド6-10　CredSSPを利用するためのPowerShellスクリプト

```
> ConfigureRemotingForAnsible.ps1 -EnableCredSSP
```

ここで解説した5つの認証方式ごとに利用できる機能をまとめると、表6-3のようになります。

▼表6-3　Kerberos認証の動作を設定する変数

認証方式	ローカルアカウント	ドメインユーザー	認証情報の委譲 (Credential Delegation)	HTTPプロトコル での暗号化
基本 (Basic)	○	×	×	×
証明書 (Credential)	○	×	×	×
NTLM	○	○	×	○
Kerberos	×	○	○	○
CredSSP	○	○	○	○

6-2-3　接続する

では、さっそく接続してみましょう。

次のようなインベントリファイルを作成します。Linuxとの違いは、ansible_connectionにwinrmを指定していることと、ansible_winrm_transportにbasicを指定していることです。ここでは、検証のために基本認証で接続します。

▶リスト6-6　hosts

```
[windows]
test01

[windows:vars]
ansible_user: test
ansible_password: password
ansible_connection: winrm
ansible_winrm_transport: basic
```

指定できる主要なWinRM関連の変数は、表6-4の通りです。

▼表6-4　Kerberos認証の動作を設定する変数

変数	概要
ansible_winrm_transport	WinRM接続時の認証方式を指定する。デフォルトではbasic認証が利用される 　basic：基本（Basic）認証 　ntlm：NTLM認証 　certificate：Certificate認証 　kerberos：Kerberos認証 　credssp：CredSSP認証
ansible_winrm_port	WinRM接続時のポート番号を指定する。デフォルト以外のポートを使用している場合、ポートを明示的に指定する必要がある
ansible_winrm_server_cert_validation	HTTPSを利用している場合に、サーバー証明書の検証を実行するかどうかを指定する。デフォルトで検証が有効になっているため、自己署名の証明書ではエラーになる。自己署名の証明書を利用する場合は無効にする 　validate：有効 　ignore：無効
ansible_winrm_scheme	WinRMの接続にHTTPとHTTPSどちらを利用するかを指定する。デフォルトではHTTPSが指定されていますが、「ansible_winrm_port」に5985（HTTP）が指定されていると、HTTP接続となる 　http：HTTP接続 　https：HTTPS接続

SSHで接続してみよう

Ansible 2.8からWindowsに対してのSSH接続が可能になりました。利用するには、WindowsノードにOpenSSHをインストールする必要があります。現時点ではWindowsノードへのSSH接続は実験的（experimental）な機能となっているので、本番環境などのクリティカルな環境で利用することはオススメしませんが、Linuxと同じようにSSHで管理できるのは大きな利点です。

第6章　Windows Serverを自動化してみよう

6 - 3
Windowsでよく使うモジュール

ここでは、Windowsを管理する上で便利なモジュールを紹介していきます。

6-3-1　win_feature：Windowsの役割と機能を管理する

「役割の追加と機能」で追加できる機能を有効化および無効化できます。主にIISやActive Directoryなどのサーバーを構築する際に利用します。

▼表6-5　win_featureモジュールの主なパラメーター

主要パラメーター	概要
name	有効化する機能を指定する。指定できる機能名はGet-WindowsFeatureコマンドレットを利用して確認できる
state	機能の状態を指定する 　present：機能を有効化する 　absent：機能を無効化する
include_management_tools	機能を有効化する際に、管理ツール群も同時にインストールするかを指定する
include_sub_features	関連する機能も同時に有効化するかを指定する

ここでは、Active Directoryをインストールしてみましょう。

▶リスト 6-7　Active Directoryをインストールするプレイブック

```
- name: Install ADDS
  win_feature:
    name: AD-Domain-Services
    include_management_tools: yes
```

このタスクによって、管理ツールを含めたActive Directoryがインストールされます。

136

6-3 Windowsでよく使うモジュール

6-3-2 win_chocolatey：Chocolateyを利用してパッケージをインストールする

Chocolatey[4]は、Windows上で利用できるパッケージマネージャーです。Linuxにおける YUMなどと同様に、コマンドラインからのインストールやパッケージの依存関係の解決などが可能です。

このモジュールを利用するには、Windowsノード上にChocolateyがインストールされている必要があります。Chocolateyのインストール方法については、公式ドキュメント[5]を参照してください。

▼表6-6　win_chocolateyモジュールの主なパラメーター

主要パラメーター	概要
name	インストールするパッケージを指定する
state	パッケージの状態を指定する present：パッケージをインストールする latest：パッケージをインストールし、最新バージョンでなければ更新する downgrade：指定したパッケージが現在インストールされているものよりも古くてもインストールする reinstalled：現在存在するパッケージを削除してからインストールする absent：パッケージを削除する
version	インストールするパッケージのバージョンを指定する
allow_prerelease	正式リリースでないプレリリース版のインストールを許可する

たとえば、Javaのランタイムである JDK8をインストールするには、次のようなタスクを作成します。

▶リスト6-8　JDK8をインストールするタスク

```
- name: Install JDK8
  win_chocolatey:
    name: jdk8
    state: present
```

通常、WindowsソフトウェアはGUIインストーラーのみであるため、Ansibleからコントロールするのは難しいのですが、Chocolateyを利用可能であればパッケージの管理が容易になります。

※4　https://chocolatey.org/
※5　https://chocolatey.org/install#installing-chocolatey

137

第6章　Windows Serverを自動化してみよう

6-3-3　win_updates：Windows Updateを実行する

Ansibleでは、**Windows Update**を自動化することもできます。win_updateモジュールは、ターゲットノードのデフォルトのWindows Updateの設定に従います。

▼表6-7　win_updatesモジュールの主なパラメーター

主要パラメーター	概要
category_name	インストールするアップデートのカテゴリーを指定する 　CriticalUpdates：重要なアップデート 　SecurityUpdates：セキュリティアップデート 　UpdateRollups：累積アップデート
state	パッケージの状態を指定する 　installed：アップデートをインストールする 　searched：アップデートの検索のみでインストールは実行しない
whitelist	category_namesで指定されたカテゴリーの中から、指定した**KB番号**もしくは**アップデートのタイトル**を指定し、条件にマッチするアップデートのみをインストールする
blacklist	category_namesで指定されたカテゴリーの中から、指定した**KB番号**もしくは**アップデートのタイトル**を指定し、条件にマッチするアップデートをインストール対象から除外する
reboot	アップデートをインストールした後、再起動が必要かどうかに関係なく自動的にターゲットノードを再起動する

次のようにカテゴリーを指定すると、すべてのアップデートを適用した上で、終了後にホストを再起動します。

▶リスト6-9　win_updatesのプレイブックの例

```
name: Install all windows updates
  win_updates:
    category_names:
      - SecurityUpdates
      - CriticalUpdates
      - UpdateRollups
    reboot: yes
```

運用中のサーバーに対して、特定のアップデートを全台に適用したいといったことはよくあります。あるいは、さまざまな事情で特定のアップデートの導入を避けたい場合もあるでしょう。このように、Windows Serverを運用する上では非常に役に立つモジュールです。

138

6-3-4 win_hotfix：Windowsの修正パッチ（Hotfix）を適用する

6-3-3で紹介した`win_updates`モジュールと似ていますが、Windows Updateからオンラインで修正パッチを適用するのではなく、ターゲットノード上に存在する`.msu`形式の修正ファイルを適用するものです。`.msu`形式のファイルは、「Windows Updateスタンドアロンインストーラー」とも呼ばれ、更新プログラムを一括でダウンロードして更新することが可能です。

▼表6-8　win_hotfixモジュールの主なパラメーター

主要パラメーター	概要
hotfix_identifier	DISMで確認できる修正プログラムの名前を指定する。Get-WindowsPackageコマンドレットで名前を確認することも可能
hotfix_kb	操作対象の修正パッチの**KB番号**を指定する。stateにabsentを指定している場合、このパラメーターかhotfix_identifierが指定されている必要がある。presentが指定されている場合、sourceで指定したパッケージから自動的に補完されるので、指定する必要はない
source	`.msu`ファイルが存在するパスを指定する。stateにpresentを指定している場合は必須
state	修正パッチの状態を指定する 　present：指定した修正パッチをインストール 　absent：指定した修正パッチを削除

`win_hotfix`モジュールを使うことで、セキュリティ上の理由などで外部ネットワークと接続されておらず、Windows Updateが利用できないような環境でもパッチの適用を自動化できます。従来、このようなパッチの適用はバッチファイルやPowerShellで自動化されることがよくありましたが、Ansibleで自動化することにより、パッチ適用の成否の確認が楽になったり、Ansibleで統一的に運用管理できたりといったメリットを享受できます。

6-3-5 win_user：ローカルユーザーを管理する

ユーザーの追加や削除は、Windows環境ではもっとも頻度の高い作業です。`win_user`モジュールを使うことで、Ansibleでローカルユーザーを管理できます。ドメインユーザーについては、後述する`win_domain_user`モジュールを使用します。

第6章　Windows Serverを自動化してみよう

▼表6-9　win_userモジュールの主なパラメーター

主要パラメーター	概要
name	ユーザー名を指定する
groups	指定したユーザーが所属するグループを指定する
state	指定したユーザーの状態を指定する 　present：ユーザーを追加 　absent：ユーザーを削除
password	ユーザーのパスワードを指定する
password_expired	ユーザーのパスワードを、次回ログイン時に変更する必要があるかどうかを指定する
password_never_ expires	パスワードの有効期限を無期限にするかを指定する。yesを指定すると、設定したパスワードは無期限になる
update_password	実行時にパスワード変更に関する挙動を変更する 　always：指定されたパスワードが現在のものと異なる場合は、必ず更新する（デフォルト） 　on_create：新たにユーザーを作成する場合のみにパスワードを変更する

　実際にタスクとして記述すると、リスト6-10のようになります。この例では、指定したユーザーを追加し、Usersグループに追加しています。

▶リスト6-10　win_userのプレイブックの例

```
- name: Add user
  win_user:
    name: <ユーザー名>
    password: <パスワード>
    state: present
    groups:
      - Users
```

6-3-6　win_domain_user：ドメインユーザーを管理する

　Active Directoryのドメインに所属しているドメインユーザーを管理できます。エンタープライズ環境では、ほとんどの企業でActive Directoryを導入しているため、win_userモジュールよりも、こちらのほうの使用頻度が高いかもしれません。なお、このモジュールはWindows Server 2012R2以降のみで動作するので、注意が必要です。

　また、ターゲットノードがドメインコントローラーではない場合、**認証情報の移譲**（Credential Delegation）を利用するか、「domain_username」と「domain_password」のパラメーターが設定されている必要があります。

140

▼表6-10　win_domain_userモジュールの主なパラメーター

主要パラメーター	概要
name	ユーザー名を指定する
groups	ユーザーが所属するグループを指定する
state	ユーザーの状態を指定する 　　present：ユーザーを追加 　　absent：ユーザーを削除
password	ユーザーのパスワードを指定する
password_expired	ユーザーのパスワードを、次回ログイン時に変更する必要があるかどうかを指定する
password_never_expires	パスワードの有効期限を無期限にするかを指定する。yesを指定すると、設定したパスワードは無期限になる
update_password	パスワード変更に関する挙動を変更する。デフォルトでは、always 　　always：指定されたパスワードが現在のものと異なる場合、必ず 　　　　　　更新する（デフォルト） 　　on_create：新たにユーザーを作成する場合のみにパスワードを 　　　　　　　変更する
firstname	名前を指定する
surname	姓を指定する
company	会社名を指定する
domain_username	ドメインユーザーのユーザー名を指定する。KerberosもしくはCredSSPで認証情報の移譲が設定されている場合は指定不要
domain_password	ドメインユーザーのパスワードを指定する
domain_server	接続するドメインコントローラーを指定する。FQDNもしくはNetBIOS名で指定する

タスクとして指定する場合は、次のように記述します。

▶リスト6-11　win_domain_userのプレイブックの例

```
- name: Add Domain User
  win_domain_user:
    name: <ユーザー名>
    firstname: <名前>
    surname: <姓>
    password: <パスワード>
    state: present
    domain_username: <ADを操作する際に使用するユーザー名>
    domain_password: <domain_usernameのパスワード>
    domain_server: <ドメインサーバー名>@<ドメイン名>
```

ここまで紹介したモジュール以外にも、Windows向けには多種多様なモジュールが存在しています。それでもLinux向けと比べると対応モジュール数が少ないことは否めませんが、一般的な運用作業であれば、ほぼ自動化できるくらいのラインナップが揃っています。

Linuxサーバーだけでなく、Windows ServerでもAnsibleをもっと活用していきましょう。

6-4 Windowsホストのドメイン参加を自動化する

6-4
Windowsホストのドメイン参加を自動化する

　実際にWindows Serverを対象にプレイブックを実行してみましょう。ここは、Windows Serverの新規構築を想定して、Windowsホストのドメイン追加作業を自動化してみます。

　多くの企業では、社内のWindowsホストの管理にActive Directoryが利用されています。そのため、新たにWindowsホストを構築する際には、既存のドメインに追加する作業が頻繁に発生します。

　Ansibleでは、`win_domain_membership`モジュールを利用して、ドメインやワークグループにホストを追加できます。これにより、Windowsホストを新規に構築するたびに発生する作業を自動化できます。

6-4-1 win_domain_membership：ドメインやワークグループへホストを追加する

▼表6-11　win_domain_membershipモジュールの主なパラメーター

パラメーター	概要
dns_domain_name	ホストを参加させるドメイン名を指定する
domain_admin_user	ドメインにホストを参加もしくは削除する場合に、利用するドメイン管理者のユーザー名を指定する
domain_admin_password	ドメインにホストを参加もしくは削除する場合に、利用するドメイン管理者のパスワードを指定する
hostname	Windowsホストのホスト名を指定する
state	モジュールが操作する対象を指定する 　domain：ドメインにホストを追加する 　workgroup：ワークグループにホストを追加する

　実際にタスクとして書き出してみましょう。

▶リスト6-12　Windowsホストを新規に構築するタスクの例

```
- name: Add Windows Host to Domain
  win_domain_membership:
    dns_domain_name: "{{ dns_domain_name }}"
    hostname: "{{ hostname }}"
    domain_admin_user: "{{ domain_admin_user }}"
    domain_admin_password: "{{ domain_admin_password }}"
```

143

```
        state: domain
      register: domain_status

    - name: Reboot Windows Host
      win_reboot:
      when: domain_status.reboot_required
```

　各パラメーターは、ホスト変数として別途定義しておきます。このようにすることによって、プレイブック内に直接値を指定することなく、各ホストに対して個別のホスト名を指定できます。
　また、ドメインの追加後は再起動が必要になります。第5章ではrebootモジュールを利用しましたが、Windows環境向けにはwin_rebootモジュールがあるので、こちらを利用します。基本的な機能はrebootモジュールと同様ですが、ここではwhenにdomain_status.reboot_requiredという指定をしています。
　win_domain_membershipの実行結果には、reboot_requiredというパラメーターが含まれています。これがTrueになっている場合、ドメインに参加して再起動が必要な状態であることを表しています。このパラメーターをwhenに指定しておくと、Trueの場合は再起動を実行し、すでにドメイン参加にしているなど、再起動の必要がない場合は再起動を実行しません。
　このプレイブックを実行し、Windowsホストのサーバーマネージャーを確認してみると、次のようにドメインに参加した状態であることがわかります。プレイブックにGitHubのリポジトリで確認できるので、検証環境があれば実際に試してみてください。

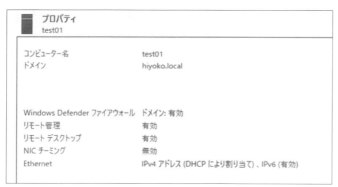

▲図6-3　サーバーマネージャーの例

第7章

ネットワーク機器を管理してみよう

本章では、LinuxやWindowsのようなサーバーではなく、ネットワーク機器の自動化について取り上げます。ネットワーク機器の自動化は、現在もっとも注目されている分野の1つです。Ansibleを利用することで、複雑なスクリプトやマクロを作成することなく、自動化を実現できます。基本的な使い方は、これまで紹介したサーバーの自動化とほぼ変わらないので、構えることなく読み進めてください。

7-1
ネットワーク機器の自動化

　ここでいう「ネットワーク機器」とは、ルーターやスイッチ、ファイヤーウォール、ロードバランサーなどを指します。

　従来のネットワーク機器の自動化は、システム運用の現場レベルではあまり普及していませんでした。サーバーとは異なり、機器ごとに固有のOSであったり管理ツールが存在していたりするため、統一化された手順では自動化が困難であるからです。近年ではSDN（Software Defined Network）製品やWeb API経由での設定変更が可能な製品もありますが、多くのネットワーク機器が昔ながらの手作業をベースとした構築運用作業を余儀なくされています。

　しかし、大規模なネットワークでは、数百、数千の機器が存在することも珍しくありません。ネットワーク機器に対する変更は、サーバーほど頻度が高くはありませんが、こうした機器をすべて手動で管理するのは非常に手間がかかり、熟練のネットワークエンジニアであっても、ミスなく作業を実施することが難しいリスクの高い作業です。

　また、前述したように、製品によって設定方法がバラバラなことも自動化の普及を妨げる要因の1つです。たとえば、Ciscoであればルーターやスイッチ製品によって、IOS、IOS-XR、NX-OSといった複数のOSが混在しており、それぞれコマンドの体系も異なります。そのため、**自動化のためのスクリプトを作成するにしても、それぞれの環境に合わせて別々に作る必要があり、コストが増大**します。

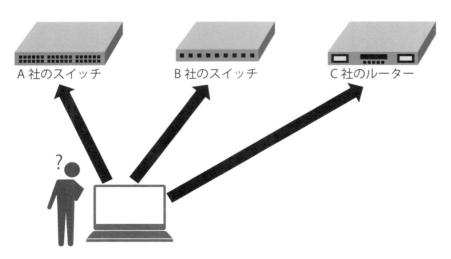

▲図7-1　ネットワーク機器ごとに設定方法が異なる

Ansibleを利用することにより、サーバーと同様のスタイルで自動化を実現できます。そして、それには次のような利点があります。

- サーバーで培ったAnsibleの知識をネットワークの自動化に適用できる
- CiscoやJuniperなど、ベンダーを問わず、同じ手法で自動化を適用できるため、学習コストがを低く抑えることができる
- 将来的に別ベンダーの機器や新しい機器を導入した場合にも、最低限の労力で自動化を実現できる

各ベンダーごとにモジュールが公開されているので、必要に応じて公式ドキュメントを参照し、どのような作業を自動化できるかを確認してみてください。また、A10ネットワークス[1]などの一部のネットワークベンダーでは、独自にモジュールを開発して公開しています。こういったモジュールを利用する場合は、各ベンダーのインストールドキュメントに従ってコントロールノードにインストールしてください。

※1　https://www.a10networks.co.jp/news/blog/installing-ansible-modules-a10-networks.html

7 - 2
ネットワーク向けのコネクションプラグイン

ネットワーク機器では、サーバーと異なるコネクションプラグインを利用します。Ansibleからネットワーク機器に接続するコネクションプラグインは複数あり、それぞれ使用用途が異なります。

ネットワーク機器に接続する方法は、次の3種類です。

- SSH (network_cli、local)
- NETCONF (netconf)
- HTTP/HTTPS (httpapi)

network_cliやhttpapiを利用する際には、ansible_network_os変数を定義します。この変数の設定値をもとに、各プラグインは各OSごとのコマンドラインインターフェイス（Command Lin Interface：CLI）の差異を吸収することで、ネットワーク機器に適切にコマンドを発行できます。

ansible_network_osに定義できる代表的な機器の設定値は表7-1の通りです。その他のすべての設定値を確認したい場合は、Ansibleの公式ドキュメント[2]を参照してください。

▼表7-1　主なansible_network_osの設定値

ネットワーク機器	ansible_network_osの設定値
Arista EOS	eos
Cisco ASA	asa
Cisco IOS	ios
Cisco IOS XR	iosxr
Cisco NX-OS	nxos
Dell OS6	dellos6
Dell OS9	dellos9
Dell OS10	dellos10
Junos OS	junos
VyOS	vyos

※2　https://docs.ansible.com/ansible/latest/network/user_guide/platform_index.html

network_cli

network_cliプラグインは、SSHを利用してネットワーク機器にログインし、コマンドラインで操作を実行します。Ansible 2.5から導入された比較的新しいコネクションプラグインで、通常は、これを使用することが推奨されています。

network_cliプラグインでは、Linuxサーバーへの接続時と同様に、インベントリ内のホストに対し、ansible_userで指定されているユーザーでログインします。

前述したansible_network_osが正しく定義されていない場合、接続先の環境を正しく認識できずにエラーが発生する可能性があるので、必ず定義するようにしましょう。

network_cliは、次のように指定できます。この例ではvyosに対して作業する想定なので、「ansible_network_os」に「vyos」を指定しています。

▶ **リスト7-1** hosts

```
[vyos]
192.168.100.20 ansible_user=vagrant ansible_password=vagrant

[vyos:vars]
ansible_connection=network_cli
ansible_network_os=vyos
```

local

従来から利用されている接続方法です。 ローカルホストに接続するときと同様に、ansible_connectionにlocalを指定して接続します。

network_cliと同様にSSH経由でネットワーク機器に接続しますが、インベントリ内でターゲットホストとして定義するのではなく、各ネットワークモジュールに対して接続先ホストやユーザー名などの情報をパラメーターとして定義します。

Cisco IOS上でコマンドを実行するios_commandモジュールを例に見てみましょう。

▶ **リスト7-2** IOS上でコマンドを実行するタスク

```
- name: run show version command
  ios_command:
    commands:
      - show version
    host:     "{{ inventory_hostname }}"
    username: "{{ ansible_user }}"
    password: "{{ ansible_password }}"
```

ios_commandモジュールに対して、インベントリ上のホスト名、ユーザー名とパスワードを定義していますが、有効なのはこのタスク内のみであるため、すべてのタスクで認証情報を定義し

直す必要があります。しかし、これではプレイブックが冗長になってしまいます。

そこで、Ansibleではproviderというパラメーターに認証情報のセットを定義した変数を渡すことで、認証情報の指定を省略できます。具体的には、次のように定義します。

▶**リスト7-3 provider パラメーターで認証情報を変数から読み込む**

```
- name: run show version command
  ios_command:
    commands:
      - show version
    provider: "{{ cisco_cli }}"
```

providerに指定しているcisco_cli変数には、次のように辞書形式で認証情報を定義しておきます。これで、何度も認証情報を定義し直さずとも、providerにこの変数を指定するだけで済みます。

▶**リスト7-4 認証情報を変数にセットする**

```
vars:
  cisco_cli:
    host:     "{{ inventory_hostname }}"
    username: "{{ ansible_user }}"
    password: "{{ ansible_password }}"
```

現在はnetwork_cliプラグインを利用することがほとんどです。そうでないと、後述する「**Persistent Connection**」を使えないなどのデメリットもあるので、network_cliを利用することをお勧めします。

netconf

ジュニパーネットワークスのネットワークOSであるJunosの接続に使用され、**NETCONF プロトコル**を使って設定変更を実施するコネクションプラグインです。network_cliなどのプラグインでは、SSHでログインし、直接コマンドを発行して操作を実行しますが、netconfプラグインでは、ネットワーク機器の設定や制御のために設計された「NETCONF」というプロトコルを利用して設定変更を行います。NETCONF自体はRFCで定義されている標準化されたプロトコルですが、主にJunosでの設定変更に利用されます。netconfプラグインを利用する場合は、コントロールノードに次のPythonパッケージがインストールされている必要があります。

- ncclient

ncclientパッケージは、pip経由でインストールできます。

150

7-2　ネットワーク向けのコネクションプラグイン

▶コマンド7-1　pipによるncclientパッケージのインストール

```
$ sudo pip install ncclient
```

また、ネットワーク機器上で、NETCONFを有効化しておく必要があります。

なお、一部モジュールではnetconfプラグイン経由では利用できないものがあるので、利用する際は各モジュールのドキュメントをあらかじめ確認しておきましょう。

httpapi

httpapiはAnsible 2.6から追加された新しいプラグインです。SSH経由でコマンドを発行するのではなく、HTTP/HTTPのAPIを利用し、設定変更を行います。CiscoのNX-OSやArista EOSなどのAPI経由で設定変更が可能な機器で使用できます。

また、httpapiプラグインは環境に応じて複数存在しており、ansible_network_os変数に指定された値に基づいて適切なプラグインが利用されます。

主なhttpapiプラグインは、次の通りです。

- checkpoint
- eos
- exos
- fortimanager
- ftd
- nxos
- qradar
- restconf
- splunk

Persistent Connection

従来は、SSHで接続する必要があるたびに、毎回SSHコネクションを作成して接続し直していました。一見するとシンプルなのですが、非常に無駄が多い方式です。

151

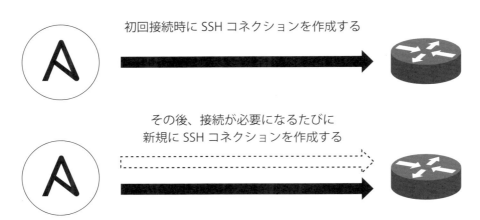

▲図7-2　従来の接続時におけるSSHコネクション

　Persistent Connectionは、一度作成したSSHコネクションをプレイブック実行中に再度利用する機能です。プレイブック実行中は同じSSHコネクションが使い回され、プレイブックの実行が完了したタイミングで破棄します。これにより、接続するたびに新たにSSHコネクションを作成する必要がなくなります。

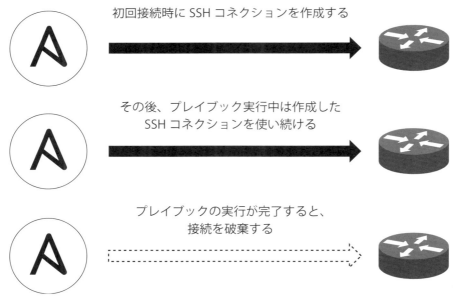

▲図7-3　Persistent ConnectionによるSSHコネクション

※3　https://www.ansible.com/blog/coming-soon-networking-features-in-ansible-2.5

> ### 7-2 ネットワーク向けのコネクションプラグイン

> **Column**
> ## Persistent Connection の仕様変更
>
> 　実は、ここで紹介した Persistent Connection の挙動は、Ansible 2.5から変更されました。従来はプレイブック完了後も30秒間は SSH セッションを保持し、別のプレイブック実行時にも利用することができました。しかし、Ansible 2.5以降では、プレイブックの実行が終了するとすぐに SSH セッションを破棄します。
>
> 　この仕様の変更は、残ったソケットが悪用されたり、別のプロセスなどが誤って利用したりすることがないようにという意図です。詳しい内容については、Ansible 公式ブログ[※3]に Ansible 2.5での変更点が記載されているので、興味があれば確認してみてください。

第7章　ネットワーク機器を管理してみよう

7 - 3
ネットワークモジュール

　ここでは、いくつかの代表的なネットワークモジュールを確認してみます。使用可能なネットワークモジュールの一覧は、Ansibleの公式ドキュメント[4]に記載されているので、自動化したいネットワーク機器のモジュールが存在しているかを確認してみましょう。

7-3-1　Cisco IOS向けのモジュール

ios_command：Cisco IOSのコマンドを実行する

　Ciscoのエッジルーターなど、IOSを採用している機器に対してコマンドを実行できます。自動化する際に利用できるモジュールが存在しないときは、コマンドを直接発行することで実現できる場合もありますが、冪等性などの観点から多用は避けるべきです。

▼表7-2　ios_commandの主なパラメーター

主要パラメーター	概要
commands	実行するコマンドを指定する。リスト形式で複数指定することも可能
prompt	コマンド発行後にプロンプトで入力を求められる場合に、プロンプトの内容を指定する。このパラメーターで指定されたプロンプトが表示された後、answerで指定した内容が入力される
answer	コマンド発行後にプロンプトで入力を求められる場合に、入力する内容を指定する

　次のようにcommandsパラメーターにコマンドを指定することで、直接ネットワーク機器上でコマンドを発行できます。

▶リスト7-5　commandパラメーターに発行するコマンドを指定する

```
- name: run show version command
  ios_command:
    commands:
      - show version
```

※4　https://docs.ansible.com/ansible/latest/modules/list_of_network_modules.html

154

ios_config：Cisco IOSの設定を変更する

IOSの設定を直接変更します。インターフェイスの設定や、ACL設定なども定義できます。

▼表7-3　ios_configの主なパラメーター

主要パラメーター	概要
lines	IOSのconfigに追加する設定内容を定義する
parents	インターフェイス設定など、linesで指定した設定内容に親となるセクションが存在する場合に定義する
before	config行の前に、linesで指定した設定内容を追記する
match	現在のconfigとの比較時にどのような条件を利用するかを指定する。デフォルトではlineが利用される line：行を比較する strict：設定の位置を含めて比較する exact：完全一致で比較する none：現在のconfigとの比較を行なわない

たとえば、インターフェイス設定を追記する場合、次のように親となるインターフェイス名まで含めて指定します。

▶リスト7-6　インターフェイス設定を追記する場合

```
- name: interface settings
  ios_config:
    lines:
      - ip address 192.168.1.1 255.255.255.0
    parents: interface Ethernet1
```

ios_l3_interface：Cisco IOSのネットワークインターフェイスを設定する

ios_configモジュールでネットワークインターフェイスを設定する例を説明しましたが、ios_l3_interfaceモジュールでもインターフェイスの設定変更が可能です。

▼表7-4　ios_l3_configの主なパラメーター

主要パラメーター	概要
name	設定するインターフェイスを指定する
state	インターフェイスの有効化および無効化を指定する present：インターフェイスを有効化する absent：インターフェイスを無効化する
ipv4	インターフェイスに設定するIPv4アドレスを指定する
ipv6	インターフェイスに設定するIPv6アドレスを指定する

第7章　ネットワーク機器を管理してみよう

▶ リスト7-7　ios_l3_configによるインターフェイス設定の変更

```
- name: interface setting
  ios_l3_interface:
    name: GigabitEthernet0/1
    ipv4: 192.168.1.1/24
    state: present
```

7-3-2　Juniper Junos向けのモジュール

　Junos向けのモジュールも、基本的な使い方はCisco向けのものと大きな違いはありません。Junos向けにモジュールを実行する場合は、network_cliもしくはnetconfのどちらかのコネクションモジュールで接続することを推奨します。また、これらのモジュールは、次に挙げたpythonパッケージのどちらか、もしくは両方が必要になるので、事前にコントロールノードにpipなどでインストールしておきましょう。

- ncclient
- jxmlease

junos_command：Juniper Junosのコマンドを実行する

　Junos上でコマンドを直接実行します。このモジュールでは冪等性は担保されないので、実現したい機能を満たすモジュールが存在する場合は、そちらを利用しましょう。

▼ 表7-5　junos_commandの主なパラメーター

パラメーター	概要
commands	実行するコマンドを指定する。リスト形式で複数指定することも可能
display	出力されるアウトプットの形式を指定する。コマンドによって出力される内容が異なるため、適切な形式を指定する必要がある ・text ・json ・xml ・set

junos_config：Juniper Junosの設定を変更する

　Junosの設定を変更します。直接cfgファイルを指定することも、行を指定して書き換えることもできます。

7-3 ネットワークモジュール

▼表7-6 junos_configの主なパラメーター

パラメーター	概要
lines	変更する行を指定する。必ず「set」もしくは「delete」から始まる行を指定する
src	投入するcfgファイルのパスを指定する。「lines」のパラメーターと同時に指定できない
backup	設定を変更する前に、現在のrunning-configのバックアップを取得する。デフォルトでは取得しない 　yes：バックアップを取得する 　no：バックアップを取得しない

junos_vlan：Juniper JunosのVLAN設定を管理する

Junos上のVLAN設定を変更できます。 新たなVLANの定義や、インターフェイスへの紐付けなども可能です。このモジュールを利用する場合は、「netconf」のコネクションプラグインを利用することが推奨されています。

▼表7-7 junos_vlanの主なパラメーター

パラメーター	概要
name	VLAN名を指定する
vlan_id	VLAN IDを指定する
interfaces	VLAN設定を確認するインターフェイスのリストを指定する
l3_interface	L3の論理インターフェイスを指定する

　ここで紹介した以外にも、大量のネットワークモジュールが存在しています。使用するネットワーク機器に対応したモジュールがあるのか、Ansibleの公式ドキュメントを確認してみましょう。

157

7-4 ネットワークモジュールを検証する

　ネットワーク機器は、LinuxやWindowsとは異なり、検証環境の準備が問題になります。実際に検証環境を準備してネットワークモジュールを試すには、いくつかの方法があります。

- 実機で実際に試す
- VIRL[※4]やGNS3[※5]などのネットワークシミュレーターを利用する
- AWS Marketplaceにあるアプライアンスを利用する

　しかし、個人で検証するには、どれも少しハードルが高いのも事実です。そこで、ネットワークモジュールを手軽に試すために、ここでは「**VyOS**」を利用します。VyOSは、ルーターおよびファイアウォール機能を提供するオープンソースのネットワークOSです。AnsibleにはVyOS向けのモジュールも多数存在するため、これを利用してネットワークモジュールを実際に検証してみましょう。

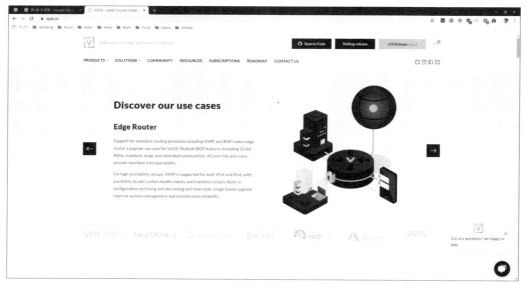

▲図7-4　VyOS公式サイト（https://vyos.io/）

※4　https://learningnetworkstore.cisco.com/cisco-virtual-internet-routing-lab/personal-edition-virl-pe-20-nodes-virl-20
※5　https://www.gns3.com/

ネットワーク機器を管理する際、よくある自動化のユースケースをもとに、次のような3つの作業の自動化を考えてみます。

- インターフェイスを設定する
- ファイアウォールのルールを設定する
- コンフィグのバックアップを取得する

次のような環境を前提に検証を進めます。「ネットワークモジュールの設定に慣れる」ということを重視し、コントロールノードとルーター（VyOS）のみのシンプルな環境で検証を行います。

コントロールノード
192.168.100.10/24

VyOS
eth1: 192.168.100.20/24

▲図7-5　VyOSを使ったネットワーク機器の検証環境

本章で使用するVagrantfile、およびプレイブックは筆者のGitHubリポジトリ[※1]で提供しているので、適宜参照してください。クローンしたら、ansible_playbooksディレクトリのchapter7ディレクトリを参照してください。vagrantディレクトリに移動し、vagrant upコマンドを実行することで演習環境を作成できます。

利用するインベントリファイル（hosts）は、リスト7-8の通りです。

▶リスト7-8　VyOSを使った検証環境のインベントリファイル

```
[vyos]
192.168.100.20 ansible_user=vagrant ansible_password=vagrant

[vyos:vars]
ansible_connection=network_cli
ansible_network_os=vyos
```

変数として、ansible_connectionとansible_network_osを指定しています。これらが正しく定義されていないと、接続ができなくなったり、想定外の動きをしたりする可能性があるので、network_cliを利用する場合は指定されているかを必ず確認しましょう。

※6　https://github.com/hiyokotaisa/ansible_playbooks/

7-4-1 インターフェイスを設定する

vyos_interface：VyOSのインターフェイスを設定する

VyOSのインターフェイスにDescriptionを設定した上で、IPアドレスを割り当てます。インターフェイスの設定には、vyos_interfaceコマンドを利用します。

▼表7-8　vyos_interfaceの主なパラメーター

パラメーター	概要
name	インターフェイス名を指定する
description	インターフェイスの説明を指定する
enabled	インターフェイスの有効/無効を指定する 　yes：有効 　no：無効
speed	インターフェイスのリンク速度（10／100／1000）を指定する
mtu	インターフェイスのMTU値を指定する
duplex	インターフェイスのduplex設定（full／half／auto）を指定する

vyos_l3_interface：VyOSのL3インターフェイスを設定する

インターフェイスにIPアドレスを割り当てるには、vyos_l3_interfaceモジュールを利用します。

▼表7-9　vyos_l3_interfaceの主なパラメーター

パラメーター	概要
name	インターフェイス名を指定する
ipv4	インターフェイスに割り当てるIPv4アドレスを指定する
ipv6	インターフェイスに割り当てるIPv6アドレスを指定する
state	インターフェイス設定の追加/削除を定義する 　present：設定を追加する 　absent：設定を削除する

今回は、検証環境で利用しているVyOSに「eth2」を新たに設定し、IPアドレスを割り当てます。次のようなシンプルなタスクを作成します。

7-4 ネットワークモジュールを検証する

▶リスト7-9 「eth2」を設定し、IPアドレスを割り当てるタスク

```
tasks:
  - name: Configure eth2
    vyos_interface:
      name: eth2
      description: Modified from Ansible
      enabled: yes

  - name: Set IP address for eth2
    vyos_l3_interface:
      name: eth2
      ipv4: 192.168.110.1/24
```

実際のプレイブック（vyos_interface.yml）は、筆者のGitHubのリポジトリにあるので、参照してみてください。

このプレイブックを実行する前に、現在の状態を確認するために別のターミナルを開き、vagrant sshコマンドでVyOSにログインします。パスワードは「vagrant」です。

▶コマンド7-2　VyOSにログインする

```
> vagrant ssh vyos
```

ログインしたら、show interfacesコマンドで、現在のインターフェイスの状態を確認します。この時点ではeth2にはIPアドレスが割り当てられていないため、IPアドレスの欄は表示されていません。

▶コマンド7-3　インターフェイスの状態を確認する

```
vagrant@vyos:~$ show interfaces
Codes: S - State, L - Link, u - Up, D - Down, A - Admin Down
Interface        IP Address                      S/L  Description
---------        ----------                      ---  -----------
eth0             10.0.2.15/24                     u/u
eth1             192.168.100.20/24                u/u
eth2             -                                u/u
lo               127.0.0.1/8                      u/u
                 ::1/128
```

確認できたら、コントロールノードに戻り、プレイブックを実行します。

▶コマンド7-4　プレイブックを実行する

```
$ ansible-playbook -i hosts vyos_interface.yml
```

161

実行が完了したら、再度VyOS上でshow interfacesコマンドを実行します。今度はeth2に「192.168.110.1」のIPアドレスが割り振られており、「Modified from Ansible」という説明が追記されていることがわかります。

▶コマンド7-5　プレイブック実行後のインターフェイスの状態を確認する

```
vagrant@vyos:~$ show interfaces
Codes: S - State, L - Link, u - Up, D - Down, A - Admin Down
Interface          IP Address                    S/L  Description
---------          ----------                    ---  -----------
eth0               10.0.2.15/24                  u/u
eth1               192.168.100.20/24             u/u
eth2               192.168.110.1/24              u/u  Modified from
                                                      Ansible
lo                 127.0.0.1/8                   u/u
                   ::1/128
```

新たにインターフェイスを設定する際など、このモジュールを活用することで自動で設定を投入できます。基本的な使い方は、その他のデバイス向けのモジュールでも変わらないので、参考にしてください。

7-4-2　ファイアウォールのルールを設定する

VyOSはファイアウォール機能を備えており、Linuxのiptablesのようにルールを定義し、複雑なアクセス制御を行えます。これらのルールを手作業で適用していくのは手間がかかる上、ミスをすると必要なトラフィックまで遮断してしまったり、定義が漏れてしまったりといった可能性もあります。こういった場面では、作業ミスを軽減できるAnsibleが役立ちます。

VyOSのファイアウォールのルールは、表7-10に挙げた3種類のトラフィックにそれぞれ割り当てることができます。

▼表7-10　VyOSのファイアウォールのルールを適用する範囲

トラフィック	概要
in	VyOSのインターフェースに入ってくるトラフィック（インバウンド）にルールを適用する
out	VyOSから出ていくトラフィック（アウトバウンド）にルールを適用する
local	VyOS宛てのトラフィックに対してルールを適用する

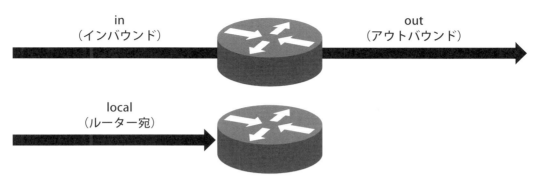

▲図7-6　3種類のトラフィック

また、VyOSでは、それぞれのルールに対し、表7-11のようなアクションを設定できます。これは、対象のトラフィックをどのように取り扱うかを定義するものです。

▼表7-11　VyOSのファイアウォールのルールに対するアクション

アクション	概要
accept	該当のトラフィックを許可する
drop	該当のトラフィックをドロップする。送信元には、ドロップされたことは通知されない
reject	該当のトラフィックを拒否する。送信元には、拒否されたことが通知される

詳細なVyOSのファイアウォール機能についての説明は、VyOSの公式ドキュメント[5]を確認してください。

vyos_config：VyOSの設定を変更する

ファイアウォールを定義する専用のモジュールはないので、汎用的な設定モジュールであるvyos_configモジュールでルールを定義していきます。

※5　https://vyos.readthedocs.io/en/latest/firewall.html#firewall

第7章　ネットワーク機器を管理してみよう

▼表7-12　vyos_configの主なパラメーター

パラメーター	概要
lines	変更する行を指定する。必ず「set」もしくは「delete」から始まる行を指定する
src	投入するcfgファイルのパスを指定する。「lines」のパラメーターと同時に指定することはできない
backup	設定を変更する前に、現在のrunning-configのバックアップを取得する。デフォルトでは取得しない 　yes：バックアップを取得する 　no：バックアップを取得しない
save	設定変更の有無にかかわらず、configを保存するか指定する。デフォルトでは、設定が変更されたときのみに保存される 　yes：常に保存する 　no：設定が変更されたときのみに保存する

　実際にファイアウォールのルールを定義してみましょう。ここでは、テストのために、ICMPパケットを拒否し、その他のパケットは許可するというルールを作成します。

▶ リスト7-10　ICMPパケットを拒否し、それ以外のパケットは許可するルール

```
    - name: Create firewall rules
      vyos_config:
        line:
          - set firewall name OUTSIDE-LOCAL default-action accept
          - set firewall name OUTSIDE-LOCAL rule 10 protocol icmp
          - set firewall name OUTSIDE-LOCAL rule 10 action drop
          - set interfaces ethernet eth1 firewall local name OUTSIDE-
LOCAL
        backup: yes
```

　1行ずつ、設定を見ていきましょう。

● set firewall name OUTSIDE-LOCAL default-action accept
　まず、「OUTSIDE-LOCAL」というルール名を定義し、デフォルトの動作（定義したルールにマッチしなかった場合の動作）を指定します。通常の運用では、default-actionにはdropを指定し、許可した通信以外はブロックするように設定します（ホワイトリスト）。今回はファイアウォールの定義を確認するだけなので、acceptを指定しています。この場合は、ルールに引っ掛からなかったトラフィックはすべて許可されます。したがって、ルールにはブロックする通信を定義していきます（ブラックリスト）。

● set firewall name OUTSIDE-LOCAL rule 10 protocol icmp
　ここでは「rule 10」のルール番号を定義し、ICMPを対象にするように指定しています。ル

164

7-4 ネットワークモジュールを検証する

ール番号は1から9999まで定義可能で、同一のルール番号に「対象のトラフィック」「トラフィックに対するアクション」などを定義していきます。

●set firewall name OUTSIDE-LOCAL rule 10 action drop
先ほど定義したICMPのトラフィックをドロップするアクションを定義しています。これにより、ルーター宛のICMPパケットはすべて破棄されます。

先ほどと同様にVyOSにログインし、show firewallコマンドを実行してみましょう。デフォルトではファイアウォールのルールは設定されていないので、何も表示されません。

▶コマンド7-6　ファイアウォールの状態を確認する

```
vagrant@vyos:~$ show firewall

------------------------------
Rulesets Information
------------------------------
```

確認のため、コントロールノードでVyOS（192.168.100.20）に対してpingコマンドを実行してみると、問題なくパケットが到達していることがわかります。

▶コマンド7-7　pingコマンドの実行

```
[vagrant@ansible01 ~]$ ping 192.168.100.20 -c 5
PING 192.168.100.20 (192.168.100.20) 56(84) bytes of data.
64 bytes from 192.168.100.20: icmp_seq=1 ttl=64 time=0.541 ms
64 bytes from 192.168.100.20: icmp_seq=2 ttl=64 time=0.714 ms
64 bytes from 192.168.100.20: icmp_seq=3 ttl=64 time=0.858 ms
64 bytes from 192.168.100.20: icmp_seq=4 ttl=64 time=0.774 ms
64 bytes from 192.168.100.20: icmp_seq=5 ttl=64 time=0.634 ms

--- 192.168.100.20 ping statistics ---
5 packets transmitted, 5 received, 0% packet loss, time 4009ms
rtt min/avg/max/mdev = 0.541/0.704/0.858/0.110 ms
```

では、コントロールノードにログインし、プレイブック（vyos_firewall.yml）を実行してみましょう。

▶コマンド7-8　プレイブックの実行

```
$ ansible-playbook -i hosts vyos_firewall.yml
```

165

プレイブックの実行後、再度VyOSでshow firewallコマンドを実行します。すると、10番にはICMPをドロップするルールが、10000番にはすべてを許可するdefault-actionのルールが定義されていることがわかります。

▶ コマンド7-9　プレイブックを実行したあとのファイアウォールの状態を確認する

```
vagrant@vyos:~$ show firewall

---------------------------
Rulesets Information
---------------------------
-----------------------------------------------------------------------
IPv4 Firewall "OUTSIDE-LOCAL":

 Active on (eth1,LOCAL)

rule   action   proto      packets   bytes
----   ------   -----      -------   -----
10     drop     icmp       0         0
  condition - saddr 0.0.0.0/0 daddr 0.0.0.0/0

10000 accept    all        10        632
  condition - saddr 0.0.0.0/0 daddr 0.0.0.0/0
```

　試しに、コントロールノードから再度pingを実行してみましょう。次のようにICMPパケットがドロップされていることが確認できます。

▶ コマンド7-10　ICMPパケットをドロップしていることがわかる

```
[vagrant@ansible01 chapter7]$ ping 192.168.100.20 -c 5
PING 192.168.100.20 (192.168.100.20) 56(84) bytes of data.

--- 192.168.100.20 ping statistics ---
5 packets transmitted, 0 received, 100% packet loss, time 4014ms
```

　今回のタスクではbackupオプションを有効にしているので、設定投入前のconfigのバックアップがプレイブックのあるディレクトリ内のbackupディレクトリに作成されます。投入した設定に問題があった場合、ここで取得したバックアップを使うことで、簡単にconfigの書き戻し作業を実施できます。configモジュールを利用する場合は、backupオプションを有効にして、現在の設定のバックアップを取っておくとよいでしょう。

「drop」と「reject」の違い

ファイアウォールのルールでは、「drop」と「reject」という設定がよく登場します。どちらもファイアウォールでパケットを破棄する設定なのですが、挙動が異なります。
dropは、受け取ったパケットを廃棄し、なかったことにします。つまり、送信元は、そのパケットが届かなかったのか、拒否されて捨てられたのかを判別できません。したがって、コマンド7-10のようにpingを実行した際には、応答が何もないのでパケットロスとして扱われます。
一方で、rejectを指定した場合、パケットは同様に廃棄されるのですが、送信元にrejectした旨が通知されます。すると、送信元には、次のように「Destination Port Unreachable」のエラーが表示されます。

```
[vagrant@ansible01 chapter7]$ ping 192.168.100.20 -c 5
PING 192.168.100.20 (192.168.100.20) 56(84) bytes of data.
From 192.168.100.20 icmp_seq=1 Destination Port Unreachable
From 192.168.100.20 icmp_seq=2 Destination Port Unreachable
From 192.168.100.20 icmp_seq=3 Destination Port Unreachable
From 192.168.100.20 icmp_seq=4 Destination Port Unreachable
From 192.168.100.20 icmp_seq=5 Destination Port Unreachable

--- 192.168.100.20 ping statistics ---
5 packets transmitted, 0 received, +5 errors, 100% packet loss, tim
e 4006ms
```

ファイアウォールを設定する際には、この2種類の設定の挙動を理解しておきましょう。

7-4-3　コンフィグのバックアップを取得する

　ネットワーク機器の管理をしていると、「作業前に稼働中の機器のconfigを取得したい」という場面がよくあります。そういったときには、各ネットワーク機器向けのfactsモジュールを利用することでconfigを取得できます。
　vyos_factsモジュールは、VyOSの設定や関連情報を取得できます。複数のルーターのconfigを同時に取得したりするなど、稼働中のターゲットノードの情報を取得し利用したい場合に役立ちます。

vyos_facts：VyOSの機器情報を取得する

▼表7-13　vyos_factsの主なパラメーター

パラメーター	概要
gather_subnet	情報を収集する範囲を指定する all：すべての情報を収集する config：config関連の情報のみ収集する !config：config以外の情報を収集する

第7章　ネットワーク機器を管理してみよう

次のようにタスクを定義することで、configの情報のみを表示できます。debugモジュールに指定している変数は、factsモジュールで情報を収集した際に定義されます。

▶ **リスト7-11　configのみを表示するタスク**

```
  - name: vyos_fact
    vyos_facts:
      gather_subset: config

  - name: debug config
    debug: msg="{{ ansible_net_config }}"
```

では、プレイブック（vyos_facts.yml）をコントロールノードで実行してみましょう。

▶ **コマンド7-11　プレイブックの実行**

```
$ ansible-playbook -i hosts vyos_facts.yml
```

実行すると、コマンド7-12のように、現在のconfigの内容が出力されます。factsモジュールは多くのネットワーク機器向けに存在しているので、VyOSに限らず、同様の手法で機器の状態を出力して確認できます。

▶ **コマンド7-12　現在のconfigの内容が出力される**

```
TASK [debug config] ***************************************************
********
ok: [192.168.100.20] => {
    "msg": [
        "set interfaces ethernet eth0 address 'dhcp'\nset interfaces eth
ernet eth0 duplex 'auto'\nset interfaces ethernet eth0 hw-id
'08:00:27:0f:ec:bf'\nset interfaces ethernet eth0 smp_affinity 'auto'\ns
et interfaces ethernet eth0 speed 'auto'\nset interfaces ethernet eth1 h
w-id '08:00:27:4f:5f:f7'\nset interfaces ethernet eth2 hw-id '08:00:27:9
2:84:19'\nset interfaces loopback 'lo'(以下略)
```

なお、factsモジュールで取得した変数は、ansible-playbookコマンドを実行する際に-vvvオプションを指定することで、取得した中身を確認できます。

▶ **コマンド7-13　-vvvオプション付きでansible-playbookコマンドを実行**

```
$ ansible-playbook -i hosts vyos_facts.yml -vvv
```

コマンド7-13を実行すると、リスト7-14のように、取得した内容が表示されるようになります。

168

このオプションを指定すると標準出力が爆発的に増加するので、巨大なプレイブックなどを実行する場合は注意が必要です。基本的には、常用せず、問題が発生した際のデバッグに活用するとよいでしょう。

▶ コマンド7-14　-vvvオプションを付加したプレイブックの実行

```
ok: [192.168.100.20] => {
    "ansible_facts": {
        "ansible_net_api": "cliconf",
        "ansible_net_commits": [
            {
                "by": "root",
                "comment": null,
                "datetime": "2019-10-19 10:37:35 ",
                "revision": "0",
                "via": "boot-config-loader"
            },
            (中略)

            {
                "by": "root",
                "comment": null,
                "datetime": "2016-10-03 20:27:39 ",
                "revision": "8",
                "via": "boot-config-loader"
            }
        ],
        "ansible_net_config": [
            "set interfaces ethernet(中略)
        ],
        "ansible_net_gather_subset": [
            "default",
            "config"
        ],
        "ansible_net_hostname": "vyos",
        "ansible_net_model": "VirtualBox",
        "ansible_net_python_version": "2.7.5",
        "ansible_net_serialnum": "0",
        "ansible_net_system": "vyos",
        "ansible_net_version": "VyOS 1.1.7"
    },
    "changed": false,
    "invocation": {
        "module_args": {
            "gather_subset": [
                "config"
            ],
```

```
            "host": null,
            "password": null,
            "port": null,
            "provider": null,
            "ssh_keyfile": null,
            "timeout": null,
            "username": null
        }
    }
}
```

　ここまでVyOSを対象にしたプレイブックを解説してきましたが、これらのモジュールの仕様は似通っているところも多く、Ciscoやその他のネットワーク機器の自動化でも役に立ちます。ネットワーク機器の自動化はAnsibleの中でも特に開発が活発で、Ansibleのバージョンが変わるたびに変更が多く加えられている分野でもあります。したがって、現在は未対応の機器でも、新たに対応が行われる場合もあるので、モジュールのページやAnsibleのコミュニティの動向をチェックしておくとよいでしょう。

> **プレイブックの出力を見やすくするには？**
>
> この例で取得したconfigの行に「\n」などの改行コードが含まれていることに気がついたかもしれません。このままでは読みにくく、文字コードを置換するなどの処理が必要になります。
> 「改めて置換などの処理をしなくても、出力される時点で改行されてほしい」という場合には、ちょっとしたテクニックとして、第2章で取り上げた「Callbackプラグイン」を利用すると、通常とは異なる形で実行結果を出力できます。
> それには、/etc/ansible/ansible.cfgに次のような行を追加します。yamlプラグインは、YAML形式で実行結果を表示するものです。
>
> ```
> enable_plugins = yaml
> ```
>
> 追記したあとにプレイブックを実行すると、次のように改行された形で出力されます。
>
> ```
> ok: [192.168.100.254] =>
>   msg:
>   - |-
>     set interfaces ethernet eth0 address 'dhcp'
>     set interfaces ethernet eth0 duplex 'auto'
>     set interfaces ethernet eth0 hw-id '08:00:27:0f:ec:bf'
>     set interfaces ethernet eth0 smp_affinity 'auto'
>     （以下略）
> ```

第 8 章

クラウド上のリソースを
管理してみよう

　第 1 章で取り上げたように、現代の IT インフラでは従来のオンプレミスのシステムだけではなく、AWS EC2 をはじめとする IaaS やその他のクラウドサービスを活用していることも増えてきました。ダイナミックな IT インフラであるクラウド上のインスタンスは非常に短いサイクルで生成と削除が行われる傾向にあり、ここまでで紹介してきたようなスタティックなインベントリの管理方法では頻繁な変更に追従できず、管理に非常に手間がかかります。
　Ansible には、そういったクラウド上のシステムを柔軟に管理できる仕組みも備わっています。クラウド環境に対してどのような方法で接続すればよいのか、各クラウドサービスごとに確認していきましょう。

8 - 1
Ansibleによるクラウドの管理

Ansibleを使ってクラウドを管理するというアプローチには2種類あります。

- クラウド基盤そのものを操作する
- クラウド基盤上にある仮想マシンインスタンスを管理する

　前者は、クラウド基盤の上でリソースを払い出したり、設定を変更したりする作業を指します。これらは、各クラウド基盤を操作するためのモジュールを利用して実現できます。

　後者は、本書の第5章から第7章で説明したLinuxサーバーやWindowsサーバーなどのターゲットホストの管理と同じ手法で実現できます。ここでは主に、クラウド上のインスタンスに接続するための手法について説明します。

8-1-1　ダイナミックインベントリ

　ダイナミックインベントリは、EC2をはじめとするIaaS上のインスタンスを動的に管理するための仕組みです。

　ここまで説明してきたインベントリの管理方法はすべて、テキストファイルにターゲットノードの情報を定義していました。滅多に接続先のホスト名やIPアドレスが変化しないオンプレミスの環境であれば問題ありませんが、クラウドでは頻繁にインスタンスの追加や削除が行われます。しかし、そのたびにインベントリファイルを更新するのは現実的ではありません。

　そこで、インベントリファイルの代わりにスクリプトを使用し、API経由で動的にターゲットホストの情報を取得するのが**ダイナミックインベントリ**と呼ばれる仕組みです。

インベントリファイルの場合

ファイル内のホストエントリを参照する

ダイナミックインベントリの場合

Ansible はインベントリスクリプトを実行し、スクリプトは対象のクラウドサービスの API 経由で現在のインスタンスの情報を取得する

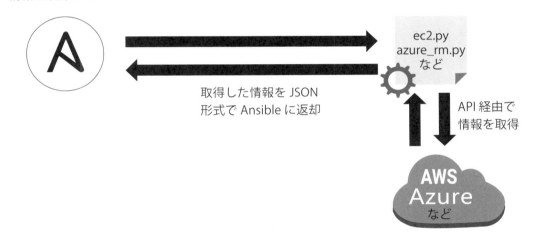

▲図8-1　通常のインベントリとダイナミックインベントリ

8-2
AWSを管理してみよう

AWS（Amazon Web Services）は、Amazonが提供するクラウドプラットフォームです。2019年時点でのクラウドサービスのシェア第2位で、IaaSのシェアでは圧倒的な差をつけて第1位という、国内外で非常にメジャーなクラウドサービスです。

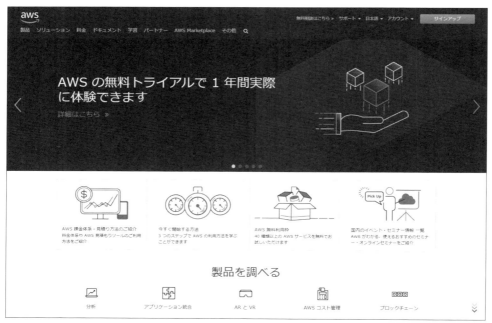

▲図8-2　AWS公式サイト（https://aws.amazon.com/jp/）

AWSで利用できる代表的なサービスには、次のようなものがあります。

- EC2（コンピューティングリソースの利用）
- RDS（リレーショナルデータベースの利用）
- Aurora（分散型データベース）
- Lambda（サーバーレスによるコード実行）

これら以外にも数百を超えるサービスがあり、その数は日々増え続けています。

8-2-1 AWSのダイナミックインベントリの設定

AWS EC2用のダイナミックインベントリは、`ec2.py`というPythonスクリプトです。このスクリプトは、GitHubリポジトリ[1]から入手できます。

- `ec2.py`：ダイナミックインベントリ本体
- `ec2.ini`：設定ファイル

なお、`ec2.py`を利用するためには、Ansibleのコントロールノードに`boto`モジュール[2]が必要なので、`pip`コマンドなどであらかじめインストールしておきましょう。

ログイン情報（クレデンシャル）の指定

AWSでは、各リソースを利用するための権限（IAM）の設定が必要になります。Ansibleでは、次の2通りの方法で指定することが可能です。

- `ec2.ini`内で指定
- 環境変数

・ec2.ini内で指定

リスト8-1に示したように、`aws_access_key_id`と`aws_secret_access_key`という2つの変数で、AWSのアクセスキーおよびシークレットキーを設定します。

▶**リスト8-1　ec2.ini内の変数定義**

```
aws_access_key_id = <AWS アクセスキー>
aws_secret_access_key = <AWS シークレットキー>
```

・環境変数で定義

Ansibleのコントロールホストに、次の環境変数を定義します。

▶**コマンド8-1　Ansibleのコントロールホストの環境変数定義**

```
$ export AWS_ACCESS_KEY_ID=<AWS アクセスキー>
$ export AWS_SECRET_ACCESS_KEY=<AWS シークレットキー>
```

これらのキーが外部に流出すると、IAMで許可されているリソースに第三者がアクセスするこ

※1　https://github.com/ansible/ansible/blob/stable-2.8/contrib/inventory/ec2.py
※2　https://pypi.org/project/boto/

とができてしまいます。したがって、システム運用担当者以外が知ることのないように留意してください。

各ユーザーのアクセスキーは、AWSコンソールのIAMページから確認できます。

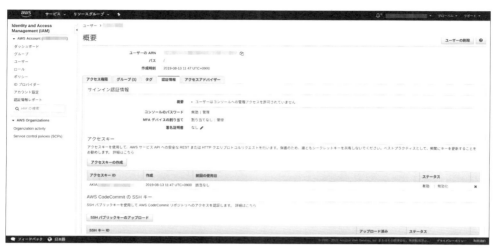

▲図8-3　AWSコンソールのIAMのページ

シークレットキーは、アクセスキーを作成したときのみに確認できます。「アクセスキーの作成」をクリックすることで、新規にアクセスキーを作成し、シークレットキーを確認できます。

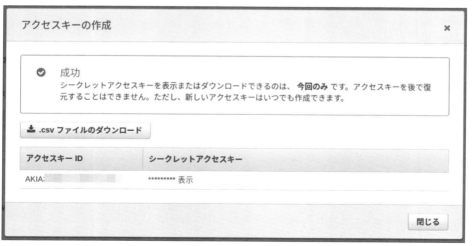

▲図8-4　アクセスキーの作成

また、使用するユーザーに必要以上の権限を許可することは、不要なセキュリティリスクを発生させる原因となります。実際の運用では、実行する処理に合わせて最小の権限を付与するように注意してください。

> **AWSのベストプラクティス集**
>
> AWSでは、運用に役立つベストプラクティスを多数公開しています。たとえば、本項で紹介したIAMの適切な運用については、次のURLで個別にベストプラクティスが公開されています。
>
> https://docs.aws.amazon.com/ja_jp/IAM/latest/UserGuide/best-practices.html
>
> また、不適切な権限設定がされていないか、使用していないキーが有効化されていないか、今一度確認してみましょう。

8-2-2 インスタンスを作成する

アクセスキーおよびシークレットキーの設定が完了したら、実際にAnsibleから接続してみましょう。

まず、東京リージョンに手動でインスタンスを作成します。「EC2」のメニューから「インスタンスの作成」を選択します。

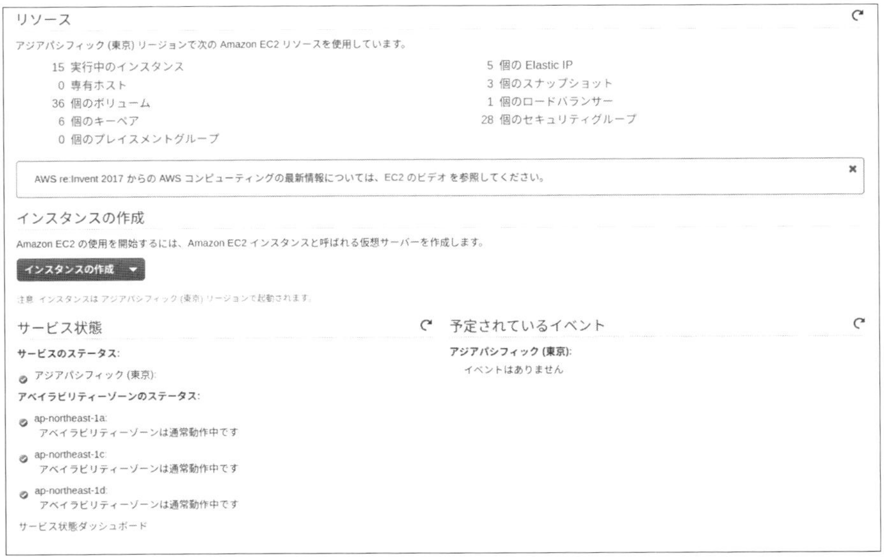

▲図8-5　インスタンスの作成

インスタンスの作成を開くと、Amazonマシンイメージ（AMI）の選択画面が表示されます。任意のイメージを選択し、LinuxディストリビューションやWindows Serverをデプロイできます。

ここでは、**AWS Marketplace**から、Cent OS 7のイメージを使用し、インスタンスをデプロイします。

▲図8-6　Amazonマシンイメージの選択

AWS Marketplaceに移動し、Cent OSのイメージを検索します。ここでは「CentOS 7 (x86_64) - with Updates HVM」を選択します。

▲図8-7　Amazon Marketplace

イメージを選択すると、各インスタンスタイプに対するライセンス料が表示されます。オープンソースであるCent OSのイメージにはライセンス料はないので、そのまま「Continue」をクリックします。

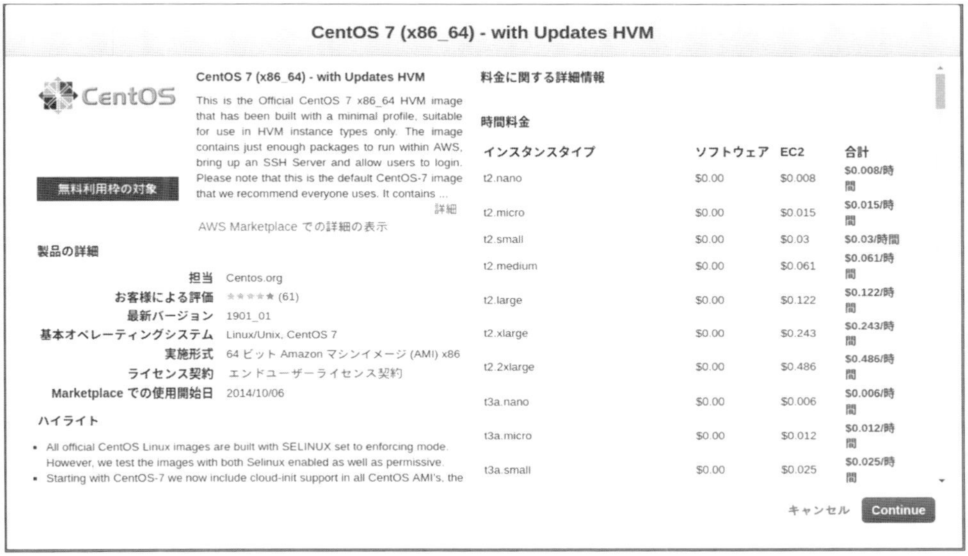

▲図8-8　ライセンス料

次にインスタンスタイプを選択します。潤沢なリソースを持つインスタンスほど、利用コストは高くなります。今回は単純な検証のみを実施予定なので、「t2.micro」を選択します。

▲図8-9　インスタンスタイプの選択

そして、インスタンスの詳細設定を行います。複数インスタンスを同時にデプロイしたり、ネットワーク設定を変更したりできますが、今回はこのまま次に進みます。

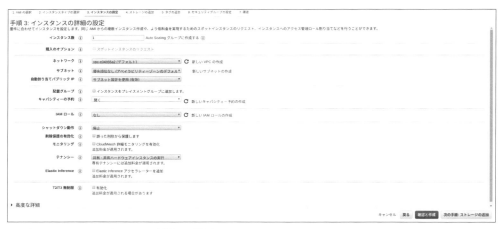

▲図8-10　インスタンスの詳細の設定

さらに、ストレージの追加および設定変更が可能です。SSDもしくはよりコストの安いマグネティック（HDD）を選択できます。今回はデフォルトの「汎用SSD」を選択します。

▲図8-11　ストレージの追加

また、作成するインスタンスにタグを付与できます。今回は特に付与しないため、そのまま次に進みます。

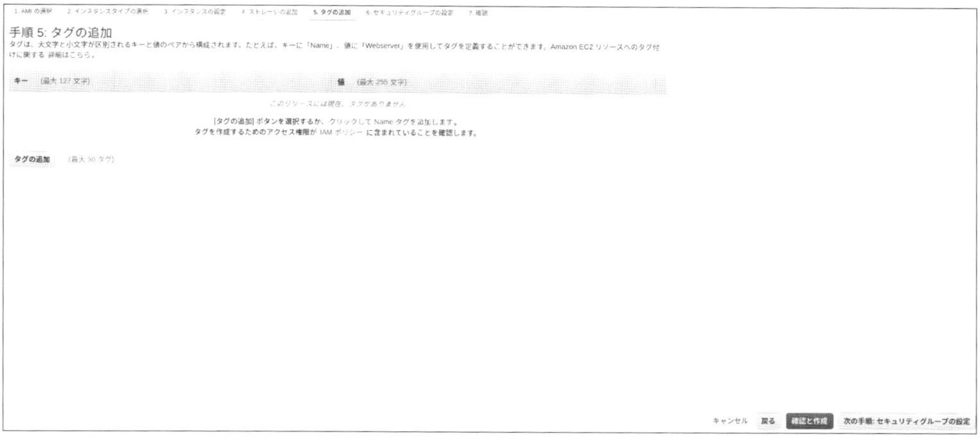

8-2 AWSを管理してみよう

▲図8-12　タグの追加

　次に、セキュリティグループを作成します。外部からのログインのためにSSHによる接続（22/TCP）を許可しておく必要があります。既存のセキュリティグループを適用することも可能です。

▲図8-13　セキュリティグループの設定

　最後に、実際にインスタンスを作成する前に、設定内容を確認し、問題なければ「起動」ボタンを押します。

181

第8章　クラウド上のリソースを管理してみよう

▲図8-14　インスタンス作成の確認

「起動」ボタンを押すと、キーペアを選択する画面が表示されます。セキュリティ面から、EC2のデフォルトでは証明書を利用したログインのみが利用可能です。

新規にキーペアを作成するか、既存のキーペアが存在するのであればそれをインスタンスに割り当てます。

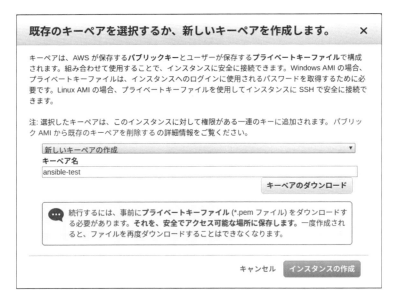

▲図8-15　キーペアの選択

キーペアを選択し、「インスタンスの作成」ボタンを押すと、次のような画面が表示され、インスタンスの作成処理が開始されます。

8-2 AWSを管理してみよう

▲図8-16　インスタンスの作成中

　インスタンスが作成されると、図8-17のような画面が表示されます。これで、インスタンスのデプロイが完了です。

▲図8-17　インスタンスの作成ステータス

8-2-3　インスタンスに接続する

　では、作成したインスタンスにログインできるかを確認してみましょう。EC2のインスタンスは、デフォルトではpemファイルを指定してログインする必要があります。
　PowerShellを開き、先ほど作成した秘密鍵（PEMファイル）を指定してSSHログインします。インスタンスの作成が終了していれば、問題なくログインできるはずです。

▶コマンド8-2　PowerShellから秘密鍵を使ってSSHログインする

```
> ssh -i "ansible-test.pem" centos@<インスタンスのパブリックIP>
```

183

第8章　クラウド上のリソースを管理してみよう

> **Tips　秘密鍵のパーミッションエラーが出る場合は？**
>
> macOSやLinuxから接続する際に、「Permissions 0644 for 'ansible-test.pem' are too open.」のようなエラーメッセージが出力されることがあります。これは、ほかのユーザーが秘密鍵にアクセスできるようなパーミッションが設定されている場合に表示されます。その際には、chmodコマンドを使って400などの適切なパーミッションを指定しておきましょう。
>
> ```
> $ chmod 400 ansible-test.pem
> ```

8-2-4　ダイナミックインベントリを活用する

　実際にダイナミックインベントリを指定して、プレイブックを実行してみましょう。これまでのインベントリファイルの指定と同様に、ansible-playbookコマンドのインベントリにec2.pyを指定します。また、EC2インスタンスに接続するために、ユーザー名と秘密鍵を明示的に指定しています。

▶コマンド8-3　ダイナミックインベントリを指定して、プレイブックを実行する

```
$ ansible-playbook -i ec2.py ping.yml -u centos --private-key=ansible-te
st.pem

PLAY [all] ********************************************************************
*****************************************************************************
************

TASK [Gathering Facts] *******************************************************
*****************************************************************************
************
ok: [ec2-*****.ap-northeast-1.compute.amazonaws.com]

TASK [ping] ******************************************************************
*****************************************************************************
************
ok: [ec2-*****.ap-northeast-1.compute.amazonaws.com]

PLAY RECAP *******************************************************************
*****************************************************************************
************
ec2-*****.ap-northeast-1.compute.amazonaws.com : ok=2    changed=0    un
reachable=0    failed=0    skipped=0    rescued=0    ignored=0
```

　コマンド8-3に示したように、通常のインベントリファイルを指定したのと同様にプレイブックを実行できます。

もしパーミッションエラーが発生する場合は、ec2.pyに実行権があるかを確認し、もしない
ようであれば、次のようにしてchmodコマンドで実行権を割り当ててください。

▶ **コマンド8-4　パーミッションを変更する**

```
$ chmod +x ec2.py
```

8-2-5　ダイナミックインベントリの設定を変更する

コマンド8-1のプレイブックを実行すると、すべてのEC2インスタンスをターゲットホストとし
て利用することになります。limitオプションを利用してホストを制限してもよいのですが、特
定のリージョンやタグを持つインスタンスのみをダイナミックインベントリの対象にしたい場合も
あります。

そういった際には、ec2.iniを編集し、ダイナミックインベントリの設定を変更します。

リージョンを指定する

デフォルトのec2.iniでは、次のようにすべてのリージョンが検索対象となっています。

▶ **リスト8-2　ec2.iniのregionsの設定**

```
regions = all
```

この設定を変更するには、特定のリージョンを指定します。たとえば、東京リージョンのみを対
象とするには、次のように指定します。

▶ **リスト8-3東京リージョンを指定する**

```
regions = ap-northeast-1
```

キャッシュ設定を変更する

ec2.pyは、デフォルトでは実行結果を300秒 (5分) キャッシュする設定になっています。こう
することで頻繁な問い合わせによるネットワーク負荷を低減できますが、インスタンスが新たに追
加されたり削除されたりした場合に、変更が即座に反映されない可能性があります。

これを避けるには、キャッシュを無効化し、常にAPIに問い合わせを行うようにします。
cache_max_agに0を指定すると、キャッシュが無効化されます。

▶ **リスト8-4　キャッシュを無効化する**

```
cache_max_age = 0
```

インスタンスフィルターを設定する

特定のインスタンスのみを対象する場合や、除外したいインスタンスが存在する場合は、「**インスタンスフィルター**」を定義します。ec2.iniで次のように設定を変更することで、フィルターを定義できます。

▶リスト8-5　インスタンスフィルターの定義
```
instance_filters = tag:Name=web*
```

インスタンスフィルターは正規表現で対象を指定できます。この例では、AWS上で定義できる名前（Nameタグ）に「web」が含まれているインスタンスを抽出しています。また、フィルターは「&」で続けるとAND条件に、「,」で続けるとOR条件となります。インスタンスフィルターに指定可能な要素の一覧については、AWSの公式リファレンス[3]を参照してください。

また、指定にマッチするホストのみを抽出したい場合は、「pattern_include」を指定することでも実現できます。

▶リスト8-6　指定したホストのみを抽出する
```
pattern_include = dev-*
```

逆に、特定のホスト名のみを除外したい場合は、「pattern_exclude」を指定します。

▶リスト8-7　特定のホストを除外する
```
pattern_exclude = dev-*
```

プライベートIPアドレスなどをターゲットに切り替える

ダイナミックインベントリを実行すると、デフォルトではパブリックDNS名のホストエントリとして扱われます。しかし、たとえばAnsibleノードも同一VPC内で動作しているときなどは、「プライベートIPアドレスもしくはプライベートDNSのFQDN」をターゲットにしたいといったこともあります。

そういった場合には、「destination_variable」を設定することで、切り替えが可能です。次の指定では、プライベートIPアドレスをターゲットとするように変更しています。

▶リスト8-8　プライベートIPアドレスをターゲットにする
```
destination_variable = private_ip_address
```

---

[3]　https://docs.aws.amazon.com/AWSEC2/latest/APIReference/API_DescribeInstances.html

なお、Ansibleを実行しているコントロールノードとターゲットが同じVPCにいる場合は、「vpc_destination_variable」の設定が適用されます。

▶ リスト8-9　vpc_destination_variableの設定
```
vpc_destination_variable = private_ip_address
```

その他の詳細な設定項目の説明については、ec2.iniの中にコメントが記載されているので、確認してみてください。

うまくいかないときには

「想定したインスタンスが取得できない」「リージョンの指定がうまくいかない」などの問題が発生する場合があります。その際のトラブルシュートを行うごとにプレイブックを実行するのも面倒なものです。ダイナミックインベントリは単体で動作するPythonスクリプトなので、単純にec2.pyを実行するだけで、どのような情報が取得できるのかを確認できます。

8-2-6　CloudFormation／Terraformと連携する

AWSのデプロイに際して、すでにCloudFormationやTerraformなどの別の構成管理ツールを利用している場合、Ansibleでゼロから構成を定義するのではなく、ほかのツールでデプロイを完了させたのち、Ansibleで接続して設定変更を行うという手法が使えます。このようにするほうが既存のコードを流用できるので便利です。

Ansibleには`terraform`モジュール[4]と`cloudformation`モジュール[5]があり、どちらも既存の資源を活用しながらAnsibleのタスクとして組み込むことが可能です。

各モジュールの説明については割愛しますが、すでに一部を別のツールで自動化している場合は、すべてをAnsibleで実装し直すのではなく、これらのモジュールを活用することで、（最終的にはAnsibleで一本化するにしても）既存の自動化の仕組みを活用しながら、無理なくAnsibleをシステム運用に導入できます。

---

[4]　https://docs.ansible.com/ansible/latest/modules/terraform_module.html
[5]　https://docs.ansible.com/ansible/latest/modules/cloudformation_module.html

8-3 Azureを管理してみよう

Microsoft AzureはMicrosoftが提供しているクラウドプラットフォームです。2019年時点でのクラウドサービスのシェア第2位であり、現在でもシェアを伸ばしています。Azureでも、AWSと同様にAnsibleを利用できます。

▲図8-18　Azure公式サイト（https://azure.microsoft.com/ja-jp/）

8-3-1 ダイナミックインベントリの設定

Azureのダイナミックインベントリも、使い方はAWS用のものと大きくは変わりません。Azure関連モジュールを利用するには、Ansibleのコントロールノードに Azure SDK が必要になるので、事前に pip コマンドなどでインストールしておきましょう。

▶コマンド8-5　Azure SDKのインストール
```
$ pip install 'ansible[azure]'
```

ログイン情報（クレデンシャル）の指定

Azure向けのダイナミックインベントリを利用するには、次の2種類のうちのどちらかの認証情報を利用する必要があります。

- サービスプリンシパル
- Active Directoryのユーザー名およびパスワード

ここでは、主にサービスプリンシパルを利用した認証について解説します。そのためには、Service Principalを利用するので、次の情報をあらかじめ指定しておく必要があります。

- クライアントID
- シークレットキー
- サブスクリプションID
- テナントID

これらの情報は、Azureポータル上の異なるページから確認しなければならないので、注意しましょう。具体的な確認方法については、Microsoftの公式ドキュメント[6]を参照してください。

Azureリソースの動的インベントリを生成するazure_rm.pyが利用する認証情報は、次の2通りの方法で定義できます

- 環境変数
- credentialsファイルに定義

環境変数

Ansibleのコントロールノード上で、次のような環境変数を定義します。

▼表8-1　Azureの環境変数

ID	環境変数
クライアントID	AZURE_CLIENT_ID
シークレットキー	AZURE_SECRET
サブスクリプションID	AZURE_SUBSCRIPTION_ID
テナントID	AZURE_TENANT

credentialsファイルに定義

ホームディレクトリ下に.azureディレクトリを作成し、その中にcredentialsファイルを作成します。

※6　https://docs.microsoft.com/ja-jp/azure/active-directory/develop/howto-create-service-principal-portal

▶リスト8-10　~/.azure/credentials

```
[default]
subscription_id=<サブスクリプションID>
client_id=<クライアントID>
secret=<シークレットキー>
tenant=<テナントID>
```

　平文で認証情報を保存することはセキュリティ上好ましくないので、このようにファイルに定義するのは、あくまでも検証用です。実運用環境では、環境変数などの別の方法で定義してください。

8-3-2　仮想マシンを作成する

　Azure Virtual Machines（Azure VM）で新規に仮想マシンを作成するには、「Azureポータル」[※7]にアクセスし、「Virtual Machines」のページを開いて、「追加」をクリックします。

▲図8-19　新規に仮想マシンを作成する

　仮想マシンの作成画面が開くので、リソースグループの定義や、仮想マシン名、リージョン、OSイメージなどを指定します。

　また、ここで管理者アカウントの設定も行います。「SSH 公開キー」を利用する場合は、Ansibleノードであらかじめssh-keygenコマンドを実行してSSHキーを作成した上で、公開鍵の内容を貼り付けます。公開鍵は、デフォルトであれば、次のように、ホームディレクトリ以下の隠しディレクトリに存在しています。

※7　https://portal.azure.com/

▶ コマンド8-6　SSHキーの表示

```
$ cat ~/.ssh/id_rsa.pub
```

基本設定が完了したら、「ディスク」をクリックします。

▲図8-20　仮想マシンの基本設定

ディスクオプションを指定します。ディスクのIOPSに応じて「Standard SSD」もしくは「Premium SSD」を選択できますが、今回は検証目的なので「Standard SSD」を選択します。

完了したら、「ネットワーク」をクリックします。

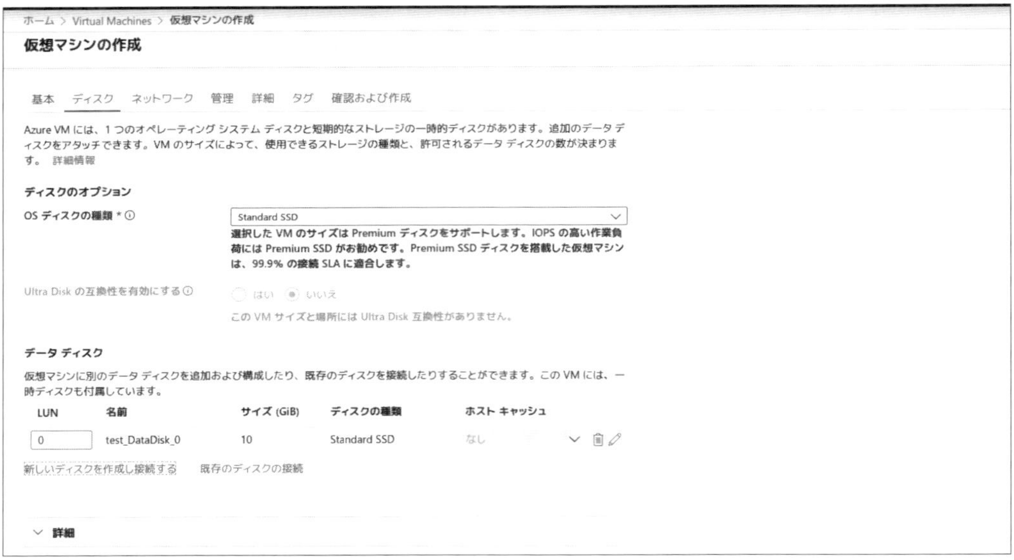

第8章　クラウド上のリソースを管理してみよう

▲図8-21　仮想マシンのディスクを選択

　必要に応じて、仮想ネットワークやサブネット、パブリックIPなどの設定を行います。完了したら「管理」をクリックします。

▲図8-22　仮想マシンのネットワークを設定

192

8-3 Azureを管理してみよう

　ブート診断やゲスト診断の有無などを指定できます。ここでは検証目的なので、すべて「オフ」を選択し、そのまま「確認および作成」に進みます。

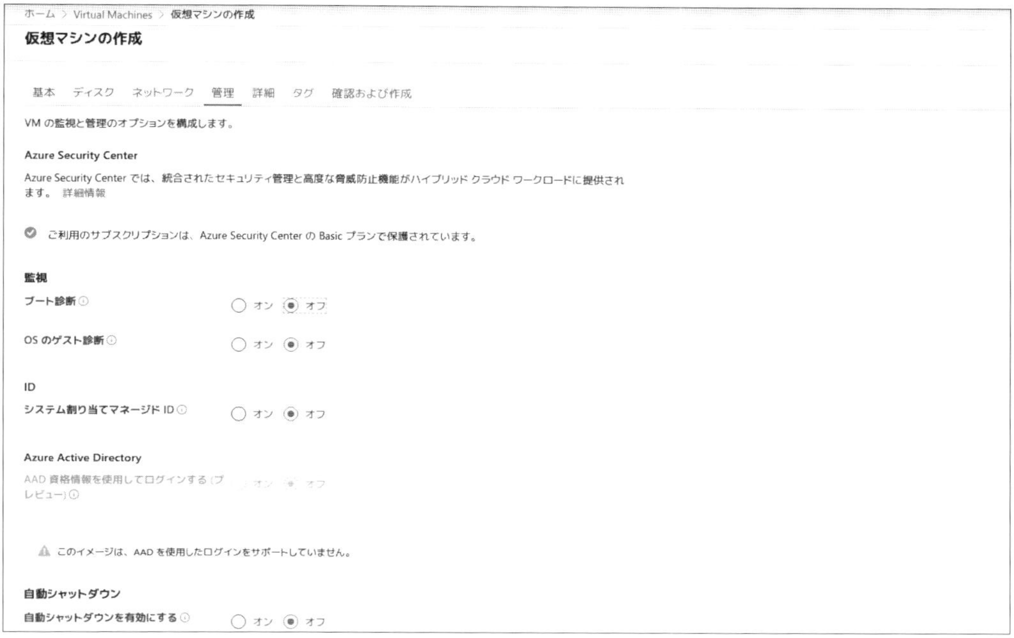

ホーム > Virtual Machines > 仮想マシンの作成

仮想マシンの作成

基本　ディスク　ネットワーク　**管理**　詳細　タグ　確認および作成

VM の監視と管理のオプションを構成します。

Azure Security Center

Azure Security Center では、統合されたセキュリティ管理と高度な脅威防止機能がハイブリッド クラウド ワークロードに提供されます。　詳細情報

✓ ご利用のサブスクリプションは、Azure Security Center の Basic プランで保護されています。

監視

ブート診断 ⓘ 　　　　　　　◯ オン ⦿ オフ

OS のゲスト診断 ⓘ 　　　　◯ オン ⦿ オフ

ID

システム割り当てマネージド ID ⓘ 　　◯ オン ⦿ オフ

Azure Active Directory

AAD 資格情報を使用してログインする（プレビュー）ⓘ 　　◯ オン ⦿ オフ

⚠ このイメージは、AAD を使用したログインをサポートしていません。

自動シャットダウン

自動シャットダウンを有効にする ⓘ 　　◯ オン ⦿ オフ

▲図8-23　仮想マシンのネットワークを設定

　指定した内容を確認し、問題がなければ「作成」をクリックします。すると、設定した内容で仮想マシンの作成が開始されます。

▲図8-24　仮想マシンの作成

デプロイが完了すると、図8-25のような画面が表示されます。

▲図8-25　仮想マシンの作成

8-3-3 仮想マシンに接続する

作成した仮想マシンに接続するには、PowerShellからSSHログインします。公開鍵が正しく登録されていれば、問題なくログインできるはずです。ここで指定するユーザー名は、仮想マシン作成時に指定したユーザー名です。

▶**コマンド8-7　PowerShellから仮想マシンにSSHログインする**

```
> ssh <ユーザー名>@<仮想マシンのパブリックIP>
```

8-3-4 ダイナミックインベントリを活用する

Azure用のダイナミックインベントリも、通常のインベントリと同様に指定が可能です。インベントリファイルの代わりに、azure_rm.pyを指定します。

▶**コマンド8-8　Azyre用のダイナミックインベントリを実行する**

```
$ ansible-playbook -i azure_rm.py ping.yml
```

azure_rm.ini[8]は、ec2.iniと比べると非常にシンプルで、設定項目もそれほど多くありませんが、最低限の設定はできるようになっています。

リソースグループを指定する

リソースグループには、仮想マシンやストレージアカウント、仮想ネットワークなどのリソースが所属しています。Azure上では複数のリソースグループを定義できますが、azure_rm.ini内で、ダイナミックインベントリの取得対象を特定のリソースグループに指定できます。

▶**リスト8-11　リソースグループの指定**

```
resource_groups=resourcegroup-1
```

リージョンを指定する

azure_rm.ini内で、ダイナミックインベントリが取得するホスト一覧のリージョンを指定します。デフォルトではすべてのリージョンが対象となっています。カンマ区切りで複数指定することも可能です。次の例では東日本および西日本のリージョンを指定しています。

※8　https://github.com/ansible/ansible/blob/devel/contrib/inventory/azure_rm.ini

▶リスト8-12　リージョンの指定

```
locations=japaneast,japanwest
```

　locationsに指定できるリージョンの一覧を確認するには、Azure Cloud Shellで次のコマンドを実行します。

▶コマンド8-9　リージョン一覧の確認

```
$ azure location list | grep -i location

info:     Executing command location list
info:     Getting locations...
data:     Location   : eastasia
data:     Location   : southeastasia
data:     Location   : centralus
data:     Location   : eastus
data:     Location   : eastus2
data:     Location   : westus
data:     Location   : northcentralus
data:     Location   : southcentralus
data:     Location   : northeurope
data:     Location   : westeurope
data:     Location   : japanwest
data:     Location   : japaneast
(中略)
info:     location list command OK
```

> **Tips　Azure Cloud Shell を活用する**
>
> Azureには「Cloud Shell」というAzureポータル上で利用できるCUIのインターフェイスがあります。これには、最初からAnsibleやAzure SDKなどのツールがセットアップされており、特別な手順を踏むことなくAnsibleを実行できます。Azure上のVM管理を自動化するためにAnsibleを活用したい場合は、新たにAnsible用のコントロールノードをデプロイしてもよいですが、Cloud Shellからプレイブックを実行するのも1つの手です。

8-4
GCPを管理してみよう

　Google Cloud Platform（GCP）は、Googleが提供するパブリッククラウドサービスです。Google検索やYouTubeなどのGoogleが提供しているサービスでも使われているインフラが提供されており、信頼性に定評があります。

▲図8-26　GCP公式サイト（https://cloud.google.com/）

GCPで利用できる代表的なサービスには、次のようなものがあります。

- Compute Engine（スケーラブルで高性能な仮想マシン）
- Kubernetes Engine（マネージドKubernetes環境）
- Cloud SQL（リレーショナルデータベース）
- BigQuery（ビッグデータ解析サービス）

また、AIや機械学習向けのサービスが充実しているのも、GCPの特徴の1つです。

8-4-1 ダイナミックインベントリの設定

GCPで提供されるIaaSである「Google Compute Engine」（GCE）のダイナミックインベントリを利用するには、gcp_computeプラグインを利用します。requestsおよびgoogle-authモジュールがインストールされている必要があるので、pipコマンドなどで、あらかじめコントロールノードにインストールしておきます。

▶ コマンド8-10　pipコマンドでgoogle-authモジュールを導入する

```
$ pip install google-auth requests
```

gcp_computeプラグインを有効化する

デフォルトでは、gcp_computeプラグインは有効化されていません。有効化するには、/etc/ansible/ansible.cfgのプラグイン設定に「gcp_compute」を追加します。

▶ リスト8-13　/etc/ansible/ansible.cfg

```
[inventory]
# enable inventory plugins, default: 'host_list', 'script', 'auto',
'yaml', 'ini', 'toml'
#enable_plugins = host_list, virtualbox, yaml, constructed

enable_plugins = gcp_compute
```

サービスアカウントファイルの取得

Ansibleが利用するユーザーのサービスアカウントファイル（JSONファイル）を取得します。サービスアカウントファイルは、アカウント作成時に取得できます。

それには、「IAMと管理」を開いて、サービスアカウントを作成します。

▲図8-27　サービスアカウントの作成

次に、サービスアカウントに付与する権限を指定します。運用環境では、必要な最小の権限を割り振るように注意してください。

▲図8-28　サービスアカウントに付与する権限を設定

最後に、サービスアカウントファイルをローカルにダウンロードします。このファイルが外部に流出するようなことがないように注意してください。「作成」ボタンを押すと、ファイルがダウンロードされます。

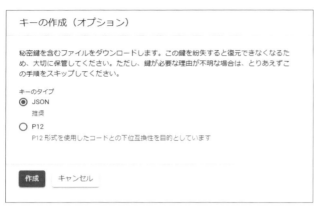

▲図8-29　サービスアカウントファイルを作成（ダウンロード）

インベントリファイルの作成

　「*.gcp.yml」もしくは「*.gcp_compute.yml」という名前でインベントリファイルを作成します。「*」は任意の文字列です。ここでは、例として「test.gcp.yml」を作成します。

▶リスト8-9　test.gcp.yml

```
plugin: gcp_compute
projects:
  - <プロジェクト名>
auth_kind: serviceaccount
service_account_file: /home/vagrant/my_account.json
zones:
  - asia-northeast1-b
hostnames:
  - public_ip
```

　このファイルには、次のような設定を指定します。

▼表8-2　インベントリファイルの設定項目

要素	概要
plugin	プラグインを指定する。利用するgcp_computeを指定している
projects	GCP上のプロジェクトIDを指定する
auth_kind	認証方法を指定する 　　machineaccount：マシンアカウントを利用する 　　serviceaccount：サービスアカウントを利用する 　　application：アプリケーションの認証情報を利用する
service_account_file	サービスアカウントを認証に利用する場合に、サービスアカウントファイルの場所を指定する
zones	ゾーンを指定する
hostnames	ターゲットノードとして表示されるノード情報を切り替える。デフォルトではパブリックIPアドレスを利用する 　　name：インスタンスの名前を利用する 　　public_ip：パブリックIPアドレスを利用する 　　private_ip：プライベートIPアドレスを利用する

プラグインの設定を確認するには

gcp_computeプラグインでの設定が正しいかどうかを確認するには、ansible-inventoryコマンドを利用します。

```
$ ansible-inventory --list -i test.gcp.yml
```

正しく設定されていれば、インスタンスの情報が表示されます。

8-4-2　インスタンスを作成する

　GCEでインスタンスを作成するには、「Compute Engine」に移動し、「VM インスタンス」を開きます。「作成」ボタンを押すと、インスタンスの作成ウィザードが表示されます。

第8章　クラウド上のリソースを管理してみよう

▲図8-30　GCPのインスタンス作成ウィザード

　インスタンス名やリージョン、マシンタイプやOSイメージを指定します。これらの設定方法はAWSやAzureと大きな違いはあないので、迷うことは少ないでしょう。
　設定が完了したら、インスタンスの作成を開始します。

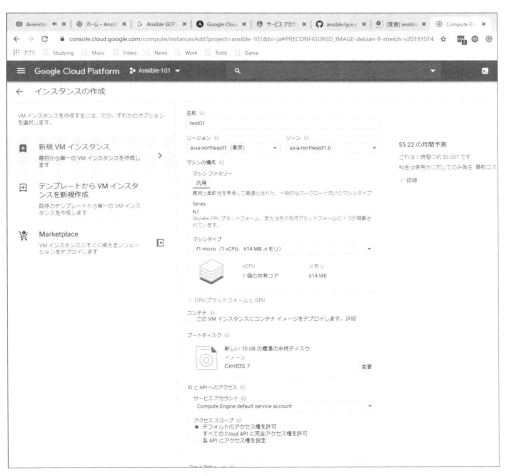

▲図8-31　GCPのインスタンス作成

8-4-3　インスタンスに接続する

　GCPの管理ページから接続する場合は、特に設定は必要ありませんが、AnsibleやSSHクライアントから接続するためには、公開鍵をメタデータに登録しておく必要があります。

　あらかじめ、Ansibleコントロールノードで ssh-keygen コマンドを実行し、~/.ssh/ ディレクトリにSSH認証鍵を生成しておきます。

▶コマンド8-11　SSHの認証鍵を生成

```
$ ssh-keygen -t rsa -b 2048
```

「Compute Engine」ページから「メタデータ」を開きます。その後、「SSH認証鍵」を開き、生成されid_rsa.pubの内容をコピーします。

▲図8-32　認証鍵をメタデータとして追加する

登録が完了すれば、sshコマンドで接続できるようになります。ユーザー名は、公開鍵を登録したユーザー名を指定します。

▶コマンド8-12　SSHでGCPに接続する
```
$ ssh <ユーザー名>@<インスタンスの外部IPアドレス>
```

8-4-4　ダイナミックインベントリを活用する

では実際にgcp_computeプラグインを利用して、GCE上のインスタンスをターゲットにプレイブックを実行してみましょう。

最初に作成した*.gcp.ymlをインベントリファイルとして指定します。

▶コマンド8-13　ダイナミックインベントリを実行
```
$ ansible-playbook -i test.gcp.yml test.yml
```

設定に問題がなければ、通常のインベントリと同様に、GCE上のインスタンスがターゲットノードとして扱われ、プレイブックが実行されます。

8-4 GCPを管理してみよう

▶コマンド8-14　ダイナミックインベントリの実行結果

```
PLAY [all] ************************************************
*******************************************

TASK [Gathering Facts] **********************************
*****************************************
ok: [xx.xx.xxx.xx]

TASK [ping] **********************************************
*****************************************
ok: [xx.xx.xxx.xx]

PLAY RECAP ***********************************************
*****************************************
xx.xx.xxx.xx            : ok=2    changed=0    unreachable=0    faile
d=0    skipped=0    rescued=0    ignored=0
```

8-4-5　ダイナミックインベントリの設定を変更する

　gcp_computeプラグインの設定を変更するには、作成したインベントリファイル内で設定を
定義します。8-3-1で説明した要素以外にも、次のような設定が定義できます。

▼表8-3　変更可能なダイナミックインベントリの設定

要素	概要
cache	キャッシュの有効化/無効化を指定する。デフォルトでは無効 　yes：キャッシュを有効化する 　no：キャッシュを無効化する
filters	インベントリフィルタを指定する。指定できるフィルタの一覧は、GCPの公式ドキュメント[9]を参照してください

※9　https://cloud.google.com/compute/docs/reference/rest/v1/instances/list

205

8 - 5
vShpereを管理してみよう

VMware vShereは、エンタープライズ環境でもっともよく使用される仮想化ソフトウェアで、多くの企業で導入されています。

Ansibleには vSphere向けのダイナミックインベントリも用意されているので、問題なく管理が可能です。vCenterが存在すれば、仮想環境全体をより容易に管理できます。

8-5-1 ダイナミックインベントリの設定

vSphere向けのダイナミックインベントリは、vmware_inventory.pyというPythonスクリプトです。このスクリプトも、GitHubリポジトリから入手できます。

- vmware_inventory.py：ダイナミックインベントリ本体
- vmware_inventory.ini：設定ファイル

ダイナミックインベントリを利用するには、pyvmomiモジュールがインストールされている必要があるので、pipコマンドなどで、あらかじめコントロールノードにインストールしておきましょう。

▶ コマンド8-15　pipコマンドでpyvmomiモジュールを導入する

```
$ pip install pyvmomi
```

ログイン情報の指定

vmware_inventory.iniに、接続するvSphereの環境を定義します。

▶ リスト8-14　vSphereの環境

```
[vmware]

# The resolvable hostname or ip address of the vsphere
server=vcenter

# The port for the vsphere API
#port=443

# The username with access to the vsphere API. This setting
```

```
# may also be defined via the VMWARE_USERNAME environment variable.
username=administrator@vsphere.local

# The password for the vsphere API. This setting
# may also be defined via the VMWARE_PASSWORD environment variable.
password=vmware
```

▼表8-4 vmware_inventory.iniの設定項目①

要素	概要
server	接続するvSphere（vCenter）環境のIPアドレスもしくはFQDNを指定する
username	vSphere APIで接続する際に利用するユーザー名を指定する
password	vSphere APIを使って接続する際に利用するパスワードを指定する

8-5-2 ダイナミックインベントリを活用する

これらのダイナミックインベントリの利用方法は、基本的にはほかのインベントリファイルと大きな違いはありません。vmware_inventory.pyをインベントリファイルとしてプレイブック実行時に指定します。

▶ コマンド8-16 vmware_inventory.pyをインベントリファイルとして実行する

```
$ ansible-playbook -i vmware_inventory.py test.yml
```

8-5-3 ダイナミックインベントリの設定を変更する

ダイナミックインベントリの設定ファイルは、vmware_inventory.iniです。vmware_inventory.pyの挙動に関わるすべての設定は、このファイルを編集することで変更できます。特に重要な設定は、次のような項目です。

▼表8-5 vmware_inventory.iniの設定項目②

要素	概要
max_object_level	ダイナミックインベントリが取得する情報の深さ（階層）を指定する。大きな値を指定するほど詳細な情報を取得できるが、実行に時間がかかるようになる
host_filters	ダイナミックインベントリが取得するノードにフィルタを適用する。設定例はvmware_inventory.ini内に記載されている
prop01～13	ダイナミックインベントリが取得するプロパティを指定する。vmware_inventory.ini内に記載されているアトリビュート、およびカスタムアトリビュートを指定できるが、大量のプロパティを指定すると実行に時間がかかるようになる

第 9 章

実践的な環境で使ってみよう

第8章まで、Ansibleを利用して、さまざまなシステムを管理する仕組みや方法を紹介してきました。ここまで読み進めてきたのであれば、「Ansibleというツールの使い方」を理解し、日常業務として行っている作業を自動化したいという思いが、さらに強くなったのではないでしょうか。では、どのようなアプローチで、みなさんの業務を自動化していけばよいのでしょうか。

本章では、そのヒントになるような例を紹介していきます。ここで挙げているケースはすべて架空のものですが、可能な限り実際にAnsibleを活用している事例に近付けるように心がけました。みなさんの日常業務の中で、Ansibleを活用するためのヒントが見つかるはずです。

9-1
Windows Server中心の社内システムの自動化

9-1-1 背景

　A社は80名ほどの従業員を抱える小規模なシステム開発企業です。

　あなたは、社内に存在するサーバーの運用管理を任されています。台数はそれほど多くありませんが、1人でインフラ運用を任されているため、管理作業の効率化が急務です。今後のサーバーの増加への対応や効率化のために、Ansibleの導入を検討しています。

　主な管理対象となるサーバーは、次の通りです。

- Active Directory ／ DNSサーバー
- ファイルサーバー

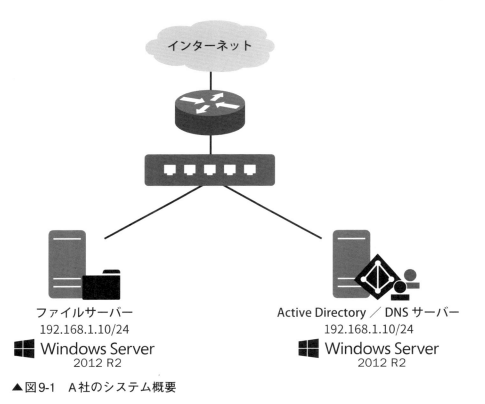

▲図9-1　A社のシステム概要

9-1-2 自動化の目的

　自動化によって得られるメリットは、少数のサーバーが存在する環境よりも、サーバーの台数が多くなればなるほど、多く享受できます。そのため、今回のようなあまりサーバーの数が多くない環境では、作業工数の削減という観点では、そこまで大きな運用効率の改善は望めません。

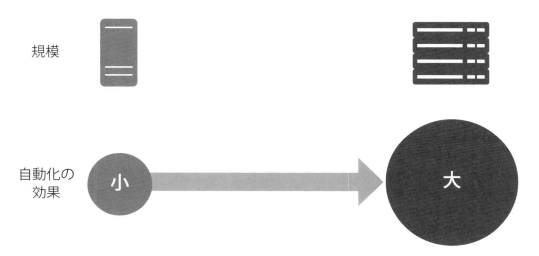

▲図9-2　システムの規模と自動化の効果

　しかし、作業の自動化によるヒューマンエラーの防止や今後の規模拡大を見越した運用の自動化という意味では大いに意味があります。また、自動化の効果は、台数だけでなはく、同様の作業がどれだけ繰り返されているかなど、さまざまなファクターが関係します。何度も実施している作業を自動化できれば、小規模な環境であっても大きなメリットがあります。

　また、**人手による作業をAnsibleなどのツールによって自動化することそのものはゴールではありません**。運用上の課題や問題点を解決するのが本当の意味でのゴールであるはずです。そのためには、まず現在の業務にどのような問題があるのかを洗い出す必要があります。

9-1-3 運用タスクの洗い出し

　プレイブックを作成するため、何を自動化する必要があるのか、現在の運用タスクをピックアップすることからはじめましょう。まずは、自動化したい作業で実施しているタスクを書き出してみます。今回の場合、次のようなことが挙げられました。

- 新規ユーザーの追加
- 既存ユーザーの削除

- ファイルサーバーのバックアップ
- DNSレコードの更新
- Windows Updateの適用

次に「どれを自動化し、どれを自動化しないか」を決定します。

たとえば、Windows Updateの適用については、細かなコントロールをせずに定期的にWindows Updateを実行させたいというだけであれば必要ありません。また、サーバーごとの細かなコントロールや、一斉にWindows Updateが実行されることによるネットワーク負荷を低減させたいのであれば、WSUSサーバーを導入導入して、統合管理するといったアプローチもあるでしょう。このように、**「必ずしもAnsibleで自動化しなくてもよいタスク」**も存在します。

すべてAnsibleで自動化したほうがよい場合もありますが、それぞれのメリットとデメリットをよく比較検討してから自動化することが大事です。

9-1-4 プレイブックの作成

自動化するタスクを洗い出せたら、実際にプレイブックを作成していきます。各タスクの自動化を実現可能なモジュールを調査して、その実現性を検討していきます。

●Active Directoryのユーザー追加・削除

A社では、人事異動などに伴うユーザーの追加や削除作業が定期的に発生しています。その際のActive Directoryのユーザー管理には、第6章でも取り上げた`win_domain_user`モジュールが利用できます。モジュールの詳細を再度確認しておきましょう。

▼表9-1　win_domain_userモジュールの主なパラメーター

主要パラメーター	概要
name	ユーザー名を指定する
groups	指定したユーザーが所属するグループを指定する
state	ユーザーの状態を指定する 　present：ユーザーを追加する 　absent：ユーザーを削除する
password	ユーザーのパスワードを指定する
password_expired	ユーザーのパスワードを、次回ログイン時に変更する必要があるかどうかを指定する
password_never_ expires	パスワードの有効期限を無期限にするか指定する。yesを指定すると、設定したパスワードは無期限になる

update_password	実行時にパスワード変更に関する挙動を変更する always：指定されたパスワードが現在のものと異なる場合、必ず更新する（デフォルト） on_create：新たにユーザーを作成する時のみにパスワードを変更する
firstname	名前を指定する
surname	姓を指定する
company	会社名を指定する
domain_username	ドメインユーザーのユーザー名を指定する。KerberosもしくはCredSSPで認証情報の移譲が設定されている場合は指定不要
domain_password	ドメインユーザーのパスワードを指定する
domain_server	接続するドメインコントローラーを指定する。FQDNもしくはNetBIOS名で指定する

タスクとして指定する場合は、次のように指定します。

▶ **リスト9-1　win_domain_userのタスクの例**

```
- name: Add Domain User
  win_domain_user:
    name: <ユーザー名>
    firstname: <名前>
    surname: <姓>
    password: <パスワード>
    state: present
    domain_username: <ADを操作する際に使用するユーザー名>
    domain_password: <domain_usernameのパスワード>
    domain_server: <ドメインサーバー名>@<ドメイン名>
```

● **ファイルサーバーのバックアップ**

A社では、定期的にファイルサーバー上の各ファイルをNAS上にバックアップしています。また、メンテナンス実行前にも手動でバックアップを取得しています。これらの処理は、現在はバッチファイルをタスクスケジューラーで実行しています。

このバックアップ処理をAnsibleから実行するには、次のような方法が考えられます。

1. win_commandモジュールを利用して、Ansibleからバックアップのバッチファイルを実行する
2. win_robocopyモジュールを利用して、Ansibleからバックアップ処理を実行する

シンプルにこの目的を実現できるのは2.の方法で、バックアップ用のバッチファイルをAnsibleから実行するだけです。

第9章　実践的な環境で使ってみよう

このようなときには、win_robocopyモジュールが利用できます。win_robocopyモジュールは、Robocopyを利用してディレクトリの中身を同期します。win_robocopyモジュールを利用すれば、各サーバー上にバッチファイルを作成せずに、Ansibleのみで処理が完結するという利点があります。

▼表9-2　win_robocopyモジュールの主なパラメーター

パラメーター	概要
src	同期元のディレクトリもしくはファイルパスを指定する
dest	srcで指定した同期元から同期するディレクトリもしくはファイルパスを指定する
purge	srcで指定したディレクトリに存在しないファイルがdestのディレクトリにある場合に、そのファイルを削除するかどうか指定する。デフォルトでは削除されない yes：distディレクトリのみにあるファイルを削除する no：distディレクトリのみにあるファイルを削除しない
recurse	サブディレクトリまで含めて同期するかを指定する。デフォルトではサブディレクトリは同期されない yes：サブディレクトリも含めて同期する no：サブディレクトリを同期対象に含めない

DNSゾーンの更新

A社では、社内サーバーの追加やシステムの更改に伴って、DNSサーバーで新規レコードの追加や既存レコードの変更といった作業が発生します。このような作業では、win_dns_recordモジュールを使うことで、レコードの設定変更ができます。新規サーバーを追加するときには、必ずAレコードの追加作業が発生するので、それをAnsibleから実行することで、DNSレコードの登録漏れや登録内容の誤りを防止するのが狙いです。

▼表9-3　win_dns_recordモジュールの主なパラメーター

パラメーター	概要
name	DNSレコード名を指定する
type	DNSレコードの種類を指定する ・A ・AAAA ・CNAME ・PTR
state	DNSレコードの状態を指定する present：DNSレコードを作成する absent：DNSレコードを削除する
zone	管理するゾーンを指定する。指定したゾーンが存在している必要がある

次のように指定すると、DNSサーバーにWebサーバー用のAレコードが追加されます。

▶リスト9-2　win_dns_record のタスクの例

```
- name: Create A record
  win_dns_record:
    name: "web"
    type: "A"
    state: present
    zone: "test.example.com"
```

9-2 仮想化基盤の自動化

9-2-1 背景

　B社は、社内システム、サービス向けのプラットフォームを含めて、多くのサーバーをVMware vSphere上に仮想化して配置しています。現在はほとんどのメンテナンス作業を手作業で実施していますが、あなたは、システム運用者として、仮想化されたサーバー群の効率的な運用手法を検討するように上司から指示されました。そこで、さまざまなプラットフォームに対応できるAnsibleの利用を検討しています。

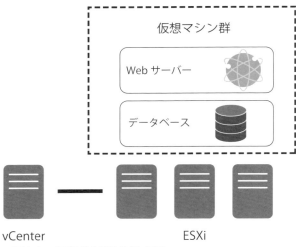

▲図9-3　仮想化基盤の構成図

9-2-2 自動化の目的の確認

　仮想化する対象は、VMware vSphere ESXi上に存在する仮想サーバー群です。新規サーバーのデプロイやvSphere上のLinuxサーバーの運用作業は手作業で実施しているので、自動化による効率化と、作業ミスを減らすことが目的です。

　通常の運用では、エンジニアがvSphere Web Client経由でvCenterにログインし、運用作業を実施しています。新規仮想マシンのデプロイや、定期的なESXiサーバーのメンテナンスのために仮想マシンを対象のESXiサーバーからvMotionし、仮想マシンを停止させることなくメンテナンス作業を実施するといったESXiの運用作業も行っています。そこで、可能であればESXiのメン

9-2 仮想化基盤の自動化

テナンス作業の自動化も併せて検討します。

このような自動化には、vmware_guestモジュールが利用できます。vmware_guestモジュールは、vSphere環境の仮想マシンを管理します。

▼表9-4 vmware_guestモジュールの主なパラメーター

パラメーター	概要
hostname	vCenterもしくはESXiのホスト名もしくはIPアドレスを指定する
username	vCenterもしくはESXiにログインする際のユーザー名を指定する
password	vCenterもしくはESXiにログインする際のパスワードを指定する
validate_certs	SSL経由で接続する際に、証明書の検証を無効化する。自己署名形式のSSL証明書を使用している場合は「no」を指定する 　　yes：証明書を検証する 　　no：証明書の検証を無効にする
folder	仮想マシン作成時等に利用するフォルダのパスを指定する
name	仮想マシンの名前を指定する
state	仮想マシンの状態を指定する 　　present：仮想マシンを設定、もしくは新規に作成する 　　absent：仮想マシンを削除する 　　poweredon：仮想マシンの電源をオンにする 　　poweredoff：仮想マシンの電源をオフにする 　　restarted：仮想マシンを再起動する 　　suspended：仮想マシンをサスペンドする 　　shutdownguest：仮想マシン上のゲストOSをシャットダウンする 　　rebootguest：仮想マシン上のゲストOSを再起動する
guest_id	ゲストIDを指定する。64bit版のCentOSであれば、「centos64Guest」と指定する 指定できるゲストIDの一覧は、VMwareの公式ドキュメントから確認できる https://code.vmware.com/apis/358/doc/vim.vm.GuestOsDescriptor.GuestOsIdentifier.html
esxi_hostname	仮想マシンを実行するESXiのホスト名を指定する
disk	仮想マシンに追加するディスクを定義する 　　size_gb：ディスクサイズを指定する 　　type：thinもしくはeagerzeroedthickを指定する 　　datastore：ディスクが使用するデータストアを指定する
hardware	仮想マシンに追加するハードウェア設定を定義する 　　memory_gb：割り当てるメモリの容量を指定する 　　num_cpus：仮想CPUのコア数を指定する
networks	仮想マシンのネットワーク設定を定義する 　　name：ポートグループもしくは分散ポートグループを指定する 　　vlan：VLANを指定する 　　device_type：ネットワークデバイスの種類を指定する 　　type：IPアドレスの割り当て（dhcpもしくはstatic）を指定する 　　ip：IPアドレスを指定する 　　netmask：ネットマスクを指定する 　　gateway：ゲートウェイを指定する 　　dns_servers：DNSサーバーを指定する

wait_for_ip_address	仮想マシンにIPアドレスが割り当てられるまで待機する。このオプションを指定するには、ゲストOS上で「VMware Tools」（vmtoolsd）が正常に動作している必要がある
	yes：仮想マシンのIPアドレス割当を待機します no：仮想マシンのIPアドレス割当を待機しない

9-2-3 タスクの洗い出し

仮想化基盤での主なタスクは次の通りです。

- 新規仮想マシンの作成
- テンプレートからのデプロイ
- メンテナンス作業時のvMotion
- デプロイしたゲストOSに対する変更作業

これは、**VMware vSphere ESXiに対する自動化**と、**ゲストOSに対する自動化**の2種類のタスクに分けられます。そのため、この2つの自動化は分けて考える必要があります。

9-2-4 プレイブックの作成

●新規仮想マシンの作成

まず、新規仮想マシンの自動化を検討します。仮想マシンのデプロイはvmware_guestモジュールが利用できます。このモジュールで指定したパラメーターをもとに、vSphereは新しい仮想マシンを作成します。第8章で説明したダイナミックインベントリと同様に、Ansibleのコントロールノードにbotoモジュールがセットアップされている必要があるので注意してください。

●テンプレートからのデプロイ

テンプレートからデプロイする場合も、新規作成と同様にvmware_guestモジュールを利用します。vmware_guestモジュールには大量のオプションがあり、すべてをここで説明するのは難しいので、公式ドキュメントのvmware_guestモジュールの説明ページ[1]を参照してください。

●デプロイしたゲストOSに対する変更作業

デプロイしたゲストOSに対してのログインは、通常のターゲットノードへの接続と変わりありません。

※1　https://docs.ansible.com/ansible/latest/modules/vmware_guest_module.html

vSphere環境の場合、vCenterが存在すれば、ダイナミックインベントリを利用してvCenterのホスト情報を利用できます。そのため、わざわざインベントリファイルをゼロから作成する必要はありません。ダイナミックインベントリについては、第8章で説明しているので、そちらを参照してください。

9-3
テストの自動化

9-3-1 背景

　C社はB2Cのサービスを提供する会社です。多くのシステムがAWS EC2上にデプロイされています。仮想マシンのデプロイやアプリケーションの設定にはすでにAnsibleを活用していますが、新たなサービスをリリースするにあたり、CI／CD（Continuous Integration：継続的インテグレーション／Continuous Delivery：継続的デリバリー）によるテストの自動化を検討しています。

9-3-2 自動化の目的

　このケースでは、Ansibleからデプロイするプレイブックや作成したロールのテストを自動化することが目的です。すでにAnsibleを活用し自動化している場合でも、より先進的なテストの仕組みを導入することで、品質の向上や効率化の推進が可能になります。

　また、AWS EC2を利用している場合、インスタンスのデプロイにもec2モジュールを利用して自動化できます。既存インスタンスへの接続については、第8章で説明したダイナミックインベントリが利用できるので、そちらも参照してください。

9-3-3 タスクの洗い出し

　AWS EC2を利用している場合に考えられるタスクを洗い出してみましょう。次のようなことが考えられます。

- EC2インスタンスのデプロイや設定変更
- AWSの各アカウント（IAM）の管理
- ELBの設定変更

　これらの作業については、それぞれEC2向けのモジュールを利用できます。しかし、EC2向けには多種多様なモジュールがあるので、そのすべてを説明することは不可能です。ここでは、モジュールそのものの説明よりも、主目的であるテストについて取り上げます。

9-3 テストの自動化

9-3-4 プレイブックの作成

第一章で取り上げたCI／CDは、主に開発の文脈で取り上げられることが多いのですが、Ansibleにもこの仕組みを適用することで、インフラを含むシステム全体のテストを自動化できます。

Ansibleを利用して自動化されている環境のCI/CDを実現するために利用されるのが、「**Molecule**」[※1]と呼ばれるツールです。Docker上にAnsibleを実行可能なインスタンスを生成し、ロールなどを実行し、設定したシナリオに基づいてテストします。

Molecule

Moleculeを利用すると、実際にDockerコンテナなどの上でロールを実行し、問題がないかを確認できます。

Moleculeでは、「**シナリオ**」に基づいて構文チェックから実際の実行までをテストできます。また、テストを実行する環境である「**ドライバ**」には、さまざまな環境を指定できます。プレイブック全体をテストするには工夫が必要ですが、ロールとして各機能が分割されているのであれば、十分にテストの役割を果たします。

Moleculeのインストール

Moleculeは、pipコマンドでインストールできます。まず、Moleculeが依存するパッケージをインストールします。

▶ コマンド9-1　pipコマンドによるMoleculeの依存パッケージのインストール

```
$ sudo yum install -y epel-release
$ sudo yum install -y gcc python-pip python-devel openssl-devel libselin
ux-py
thon docker
```

その後、setuptoolsを更新します。この作業をしないと、CentOS 7ではエラーになる場合があるので注意しましょう。

▶ コマンド9-2　setuptoolsの更新

```
$ sudo pip install --upgrade setuptools
```

その上で、moleculeをインストールします。依存パッケージなどが正しくインストールされていれば、問題なくインストールが完了するはずです。

※1　https://github.com/ansible/molecule

第9章　実践的な環境で使ってみよう

▶コマンド9-3　pipコマンドによるMoleculeのインストール

```
$ pip install molecule
```

　インストールが正しく完了しているかを確認します。バージョンが正しく表示されていれば、インストールは完了です。

▶コマンド9-4　moleculeのバージョン確認

```
$ molecule -version
molecule, version 2.22
```

Moleculeによるテストの実行

　実際に簡単なロールをテストしてみましょう。今回は、Moleculeによる一連のテストの流れを理解するために、ロール自体はシンプルなものを利用します。このロールは、単純にpingモジュールを実行するだけなので、3行しかありません。

▶リスト9-3　roles/ping/tasks/main.yml

```
---
- name: Run Ping Module
  ping:
```

　ロールが存在するディレクトリに移動し、molecule initコマンドを実行すると、moleculeディレクトリが生成されます。

▶コマンド9-5　molecule initコマンドの実行

```
$ molecule init scenario -r <ロール名>
```

　これで準備が整ったので、実際に実行してみましょう。pingロールに対してコマンドを実行します。

▶コマンド9-6　moleculeの実行

```
# molecule init scenario -r ping
--> Initializing new scenario default...
Initialized scenario in /root/roles/ping/molecule/default successfully.
```

　実行すると、moleculeディレクトリ以下に、いくつかのディレクトリが作成されます。

222

```
── molecule
    └── default
        ── Dockerfile.j2
        ── INSTALL.rst
        ── molecule.yml
        ── playbook.yml
        ── molecule.yml
```

molecule.yml

　必要に応じて、molecule.ymlを編集します。依存するロールの設定や実行環境を生成する
ドライバの設定などが可能です。今回は、デフォルトのままテストを実行します。

▶リスト9-4　molecule.yml

```
---
dependency:
  name: galaxy
driver:
  name: docker
lint:
  name: yamllint
platforms:
  - name: instance
    image: centos:7
provisioner:
  name: ansible
  lint:
    name: ansible-lint
verifier:
  name: testinfra
  lint:
    name: flake8
```

　生成されたplaybook.ymlを確認すると、先ほどのロールが呼び出されていることがわかり
ます。実際のテストでは、リスト9-5のようなプレイブックが実行され、ロールが正常に機能する
かの確認を行います。

▶リスト9-5　playbook.yml

```
---
- name: Converge
  hosts: all
  roles:
    - role: ping
```

第9章　実践的な環境で使ってみよう

構文チェックを実施する

`molecule lint`コマンドを実行することで、ロールの構文チェックを行えます。

▶コマンド9-7　molecule lintコマンドの実行

```
# molecule lint
--> Validating schema /root/roles/ping/molecule/default/molecule.yml.
Validation completed successfully.
--> Test matrix


└───── default
    └───── lint

--> Scenario: 'default'
--> Action: 'lint'
--> Executing Yamllint on files found in /root/roles/ping/...
Lint completed successfully.
--> Executing Flake8 on files found in /root/roles/ping/molecule/defaul
t/tests/...
Lint completed successfully.
--> Executing Ansible Lint on /root/roles/ping/molecule/default/playboo
k.yml...
Lint completed successfully.
```

テスト用環境を作成する

`molecule create`コマンドを実行すると、テスト用のDockerコンテナを作成します。デフォルトではMoleculeはDockerコンテナをテスト用に生成しますが、それ以外にも次のようなさまざまなドライバを選択できます。

- Azure
- DigitalOcean
- EC2
- GCE
- OpenStack
- Vagrant

どのドライバを利用するかは`molecule.yml`内で指定できますが、今回はデフォルトのDockerを利用します。

224

▶コマンド9-8　molecule create コマンドの実行

```
# molecule create
--> Validating schema /root/roles/ping/molecule/default/molecule.yml.
Validation completed successfully.
--> Test matrix

└── default
    ├── dependency
    ├── create
    └── prepare

--> Scenario: 'default'
--> Action: 'dependency'
Skipping, missing the requirements file.
--> Scenario: 'default'
--> Action: 'create'
--> Sanity checks: 'docker'

    PLAY [Create] ********************************************************
************
    TASK [Log into a Docker registry] ***********************************
************
    skipping: [localhost] => (item=None)

    TASK [Create Dockerfiles from image names] **************************
************
    changed: [localhost] => (item=None)
    changed: [localhost]

    TASK [Determine which docker image info module to use]
*************************
    ok: [localhost]

    TASK [Discover local Docker images] *********************************
************
    ok: [localhost] => (item=None)
    ok: [localhost]

    TASK [Build an Ansible compatible image (new)] *********************
************
    changed: [localhost] => (item=molecule_local/centos:7)

    TASK [Build an Ansible compatible image (old)] *********************
************
    skipping: [localhost] => (item=molecule_local/centos:7)

    TASK [Create docker network(s)] ************************************
```

第9章　実践的な環境で使ってみよう

```
***********
    TASK [Determine the CMD directives] *********************************
***********
    ok: [localhost] => (item=None)
    ok: [localhost]

    TASK [Create molecule instance(s)] **********************************
***********
    changed: [localhost] => (item=instance)

    TASK [Wait for instance(s) creation to complete]
******************************
    FAILED - RETRYING: Wait for instance(s) creation to complete (300 re
tries left).
    changed: [localhost] => (item=None)
    changed: [localhost]

    PLAY RECAP **********************************************************
***********
    localhost                   : ok=7    changed=4    unreachable=0    f
ailed=0    skipped=3    rescued=0    ignored=0

--> Scenario: 'default'
--> Action: 'prepare'
Skipping, prepare playbook not configured.
```

ロールのテストを実行する

　molecule convergeコマンドを実行し、テストを作成した環境上で実際にロールを実行します。先ほど確認したプレイブックが呼び出され、ロールが実行されていることがわかります。

▶コマンド9-9　molecule converge コマンドの実行

```
# molecule converge
--> Validating schema /root/roles/ping/molecule/default/molecule.yml.
Validation completed successfully.
--> Test matrix

└── default
    ├── dependency
    ├── create
    ├── prepare
    └── converge

--> Scenario: 'default'
--> Action: 'dependency'
```

226

9-3　テストの自動化

```
Skipping, missing the requirements file.
--> Scenario: 'default'
--> Action: 'create'
Skipping, instances already created.
--> Scenario: 'default'
--> Action: 'prepare'
Skipping, prepare playbook not configured.
--> Scenario: 'default'
--> Action: 'converge'

    PLAY [Converge] *******************************************************
************

    TASK [Gathering Facts] ************************************************
************
    ok: [instance]

    TASK [ping : Run Ping Module] *****************************************
************
    ok: [instance]

    PLAY RECAP ************************************************************
************
    instance                   : ok=2    changed=0    unreachable=0    f
ailed=0    skipped=0    rescued=0    ignored=0
```

テスト用環境を削除する

　必要がなくなった環境は、molecule destroyコマンドで削除できます。

▶コマンド9-10　molecule destroy コマンドの実行

```
# molecule destroy

--> Validating schema /root/roles/ping/molecule/default/molecule.yml.
Validation completed successfully.
--> Test matrix

└── default
    ├── dependency
    ├── cleanup
    └── destroy

--> Scenario: 'default'
--> Action: 'dependency'
Skipping, missing the requirements file.
--> Scenario: 'default'
--> Action: 'cleanup'
```

第9章　実践的な環境で使ってみよう

```
Skipping, cleanup playbook not configured.
--> Scenario: 'default'
--> Action: 'destroy'

    PLAY [Destroy] **************************************************
************

    TASK [Destroy molecule instance(s)] ****************************
************
    changed: [localhost] => (item=instance)

    TASK [Wait for instance(s) deletion to complete]
*******************************
    FAILED - RETRYING: Wait for instance(s) deletion to complete (300 re
tries left).
    changed: [localhost] => (item=None)
    changed: [localhost]

    TASK [Delete docker network(s)] ********************************
************

    PLAY RECAP *****************************************************
************
    localhost                  : ok=2    changed=2    unreachable=0    f
ailed=0    skipped=1    rescued=0    ignored=0
--> Pruning extra files from scenario ephemeral directory
```

フルテストを実行する

　ここまで、構文チェック、テスト用コンテナの作成から削除までを個別に手動で実行しましたが、molecule testコマンドを使うと、ここまで説明したテストを含めて、すべてのテストを最初から最後まで実行できます。

▶コマンド9-11　molecule testコマンドの実行

```
# molecule test
```

　ここでは、一連の流れを理解するために非常にシンプルな例を紹介しましたが、もちろん複雑なテストを実行することも可能です。そのような複雑なテストを手動で確認するには、環境の用意などで手間も時間もかかりますが、Moleculeを導入すれば、そういったコストを最小限に抑えてテストの自動化が実現可能です。

228

より発展的なMoleculeの活用例を確認するには？

「実際の現場では、どのようにMoleculeが利用されているかを見てみたい」と思うことがあるかもしれません。そのような場合には、「Ansible Galaxy」に公開されているロールを利用して、ほかのユーザーがどのようにMoleculeを利用しているのかを確認できます。

9 - 4
Ansibleによる自動化を進めるためのアイデア

　ここまで、いくつか仮想の事例を挙げて自動化を見えてきましたが、実際に自分の組織や運用の現場でAnsibleを導入しようと考えると、いくつものハードルが浮かんでくるのではないでしょうか。「ウチの会社は保守的だから無理かもしれない……」と諦めてしまうこともあるかもしれません。

　新しいツールや考え方を導入するときには、抵抗勢力ともいえる存在が必ずあるものです。もちろん、それ自体は悪いことではありません。「新しいもの」が、必ずしも自分たちの組織にとってよいものとは限らないからです。しかし、どんなにAnsibleが優れたツールであっても、最初から検討を拒絶されてしまっては一向に導入が進みません。それを防ぐためには、どのようにすればよいのかを考えてみましょう。

9-4-1　Ansibleの導入を阻むもの

　導入が進まない理由が、Ansibleそのものが原因ではなく、「上司や同僚の理解を得られない」という社内の政治や文化が影響していることが多々あります。

　Ansibleは、使い始めればその便利さを実感できるツールですが、使ってもらえなければその便利さも理解してもらえません。こういった「人や文化」が原因でAnsibleを活用できない場合は、どうすればよいのでしょうか。

上司を納得させる

　自動化を進めていくためには、まず仲間づくりをすることが何よりも大切です。したがって、まず最初に上司に自動化の意義とその効果を理解してもらうことが必須といってよいでしょう。

　上司が自動化に待ったをかけるのは、次の3つの理由のいずれか、もしくはすべてに当てはまるケースがほとんどです。

- Ansibleを使った自動化の前例がない
- Ansibleがどんなツールかわからない
- 今の運用フローや現状を変えたくない

　管理職は、計測できないリスクを嫌います。「どこまで信頼できるツールなのか」「セキュリティは大丈夫なのか」「めんどうな社内政治を乗り越えて導入しても、大して効果がないのではないか」といった漠然とした不安に対して、その利点と課題を明確にしながら説明し、その不安を解消しなければなりません。

9-4　Ansibleによる自動化を進めるためのアイデア

　第1章でも説明したとおり、手作業による運用が常態化しているのであれば、その問題点と自動化による効果を説明しましょう。レッドハットのWebサイトではAnsible Automationの導入事例なども紹介されている[2]ので、そういった事例集を紹介するのもよいでしょう。「現状ではダメな理由」をていねいに説明し、自動化ツールを導入した前例がないのであれば、「技術評価」という名目でよいので、とにかく導入の承認を得ましょう。まったく知らないツールよりは、「社内で検証した実績がある」ツールを実際の運用に導入するほうがはるかに簡単だからです。

「Ansible仲間」をつくる

　たった1人で「自動化しなければ！」と叫んでも、組織に浸透させるのは困難です。自動化を組織の文化として定着させるには、周囲の協力が欠かせません。あなたが自動化を推進していくのであれば、その意義をほかのチームメンバーにも理解してもらう必要があります。特にベテランのエンジニアは自分の技術力や経験に自信があり、自動化に対して懐疑的な人も少なくありません。しかし、彼らを味方につけることができれば、貴重な知見や経験に基づく助言をもらうこともできます。

　最初は「Ansibleって言うツールがあるらしいよ」と話してみるところから始めてみるのもよいでしょう。情報のアンテナには引っ掛かりつつも、「どうもよくわからない……」といったように、手を出しかねているかもしれません。興味を持つ人が何人かいれば、社内勉強会などを企画してみてもよいでしょう（もちろん、この本をおすすめするのもありですよ！）。

　とにかく1人でも多く社内に理解者を増やすことが重要です。たとえば、有志で実施した勉強会で得られた知見を社内ブログなどでアウトプットしたり、Ansibleのコミュニティイベントに参加してさまざまなユーザーの知見を集めて社内にフィードバックしたりなど、知識を還元し、Ansibleの理解を深めていく取り組みを進めましょう。そうするうちに、Ansibleによる自動化を「当たり前」のものとしてとらえる文化が徐々に広がっていくはずです。

9-4-2　Ansibleの輪を拡げるために

　無事にAnsibleの導入が認められ、さっそくプロジェクトに適用しようとしても、やり方がまずかったばかりに「これは使えない」と判断されてしまっては元も子もありません。「こんなはずじゃなかった」とならないために、気をつけるべきポイントを考えてみましょう。

小さくはじめて大きく育てる

　最初から大きなプロジェクトで自動化を始めようと思っても、何の知見もない状態ではなかなかうまくいきません。それよりも、まずは小さな環境やシステムの一部に適用し、ある程度の知見を得てからほかのプロジェクトやインフラに適用するほうがより簡単です。

　小さなプロジェクトでもよいので、自動化の成功例があれば、それはそのまま事例として社内を

※2　https://www.redhat.com/ja/explore/ansible?intcmp=701f20000010K4KAAW

説得できる大きな材料になります。そういった意味でも、「まず小さくはじめる」ところからスタートしましょう。手順書があるのであれば、すべてを自動化するのではなく、一部の手順を自動化してみるなど、最初から完璧を目指さずに、すぐに実行できるところから始めていきましょう。

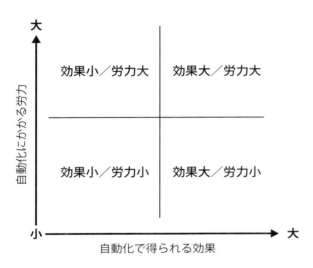

▲図9-4　自動化の効果と労力

　現在の運用タスクを上の図に当てはめ、「効果が大きく労力が少ない」ものから取り掛かるようにしましょう。最初から「効果が大きいが労力がかかる」ものを自動化しようとしても、工数ばかりがかかるばかりでうまくいかないかもしれません。

　まずは今あるタスクの洗い出しと、**「何を自動化すると効果的なのか」** を正しく検討することが重要です。

うまくやろうとしすぎない

　完璧な人間がいないように、完璧なシステムやプロジェクトというものも、存在しません。最初からすべてを効率よく完璧に自動化することも不可能ではないかもしれませんが、そこに労力を費やすよりは、単純な作業からでよいので、とにかく自動化してみることです。

　「動かない完璧なコード」を作るよりも、「とにかく動くコード」を作りましょう。その後で、リファクタリングして技術的負債にならないようにキレイに整えていくこともできます。

　知見が貯まれば、「どこに問題があるのか」の洗い出しも簡単になります。最初から完璧にやろうとするのではなく、まず始めてみて、そこから問題を修正していくことをお勧めします。

十分にテストする

　プレイブックの品質を保つには、十分なテストが必要不可欠です。品質が担保できなければ、「Ansibleは信用できない」という評価にもつながりかねません。それを避けるには、テストを実施し、問題がないことを担保しなければなりません。「本当にうまくいくのか」という不安を払拭するには、しっかりとしたテストを行い、実績を積み上げていく以外の方法はありません。

　しかし、テストは単に実行すればよいというものではなく、「**どのようにテストするか**」という「**テスト設計**」も必要です。どのようなテストが正しいのかは、プロジェクトの規模や環境、要件などによっても大きく異なるので、一概にはいえません。最低限、本番環境の一部を模したテスト環境が必要です。ぶっつけ本番で作成したプレイブックを実行することは、ただの蛮勇なので、システムへの影響を考慮しなくてよい環境を別途用意することは必須でしょう。

　また、テストは自動で実施されることが望ましいです。本章で説明した「Molecule」などを活用しながら、テストフローを設計しましょう。ただ、ここでも「**うまくやろうとしすぎない**」ことが重要です。テストとは奥深いもので、その話題だけで1冊の本が書けるほどですが、ここでの目的は「自動化が正しく実施される」ということを担保するためのものなので、その目的が達成さえできればよいわけです。最初から完璧なテストを設計することは不可能なので、最初は手動で行っていたテストを徐々に自動化するなど、段階を踏んでテスト設計をブラッシュアップしていくとよいでしょう。

チームで分業する

　Ansibleの導入の初期段階では、「社内でプレイブックをきちんと書けるのはあなたしかいない」という状況になるかもしれません。最初の小さなプロジェクトではそれでも問題ないかもしれませんが、Ansibleによる自動化を社内で普及させたいと思うのであれば、その状況は改善していく必要があります。1人でできることには限界があり、「あなたしかできない仕事」が積み重なっていくと、いつまでたってもあなたの仕事は楽にはなりません。

　したがって、前述したように社内での勉強会やスキルトランスファーを定期的に企画し、あなた以外にAnsibleを理解しているメンバーをなるべく増やしていく必要があります。

　また、チームで開発する場合、それまで1人でプレイブックを作成していたときには気にもしなかったことが問題になることがあります。たとえば、コーディングの「クセ」であったり、明確化されていないルールだったり、チーム内のコミュニケーション不足であったり、チームメンバーのスキルのばらつきなどです。

　大規模な自動化を検討するステージでは、コーディング規約を定めたり、GitLabなどを導入した開発管理を行ったりなど、開発者が利用する品質管理手法を応用して、可能な限りスムーズな開発ができるような取り組みを検討しましょう。インフラエンジニアは開発者の文化にあまり詳しくない場合も多いのですが、インフラをコードとして管理する場合には、開発で培われた品質管理手法やチームでの開発ノウハウは非常に有効です。

第10章

AWX（Ansible Tower）を使ってみよう

「Ansible Tower」は、Ansible単体ではカバーしきれないエンタープライズ向けのさまざまな機能を提供する、Red Hatの商用プロダクトです。自動化の核となるエンジン部分にはAnsibleを利用しているので、これまでの章で学んだAnsibleの仕組みや活用の勘所、演習で体験して得た知見を活かして、より進んだ自動化を実現できます。
本章で紹介するAWXは、このAnsible Towerのアップストリーム版となるオープンソースプロダクトで、Apache Lincenseで公開されています。本章では、AWXのインストール方法や機能について紹介していきます。Ansibleをベースとした、より進んだ自動化のアプローチを体験してください。

10 - 1
AWXの概要

　運用チームと開発チームの双方が、インフラの運用管理ツールとしてAnsibleを利用していると
いったケースは珍しくありません。複数人、複数のチームで使うのであれば、「プレイブックを実
行できる人間を制限したい」「AWSのクレデンシャル（認証情報）を運用者にも知られたくない」
といった細やかな権限管理が必要です。しかし、そういったことは通常のAnsibleの仕組みの中で
実現するのは難しいため、別のツールを利用するなどの方法を模索しなければなりません。

　AWXでは、Web UIからのジョブテンプレート（プレイブック）の実行や、柔軟な権限管理、認
証情報の一元管理など、Ansibleだけでは実現が難しいさまざまな機能に対応しています。

　Red Hatがリリースしている「**Ansible Tower**」という製品がありますが、AWXはそのアップ
ストリームプロジェクト[1]にあたります。AWXに対して行われた変更やバグ修正などがAnsible
Towerに導入されることで、より安定した製品リリースを可能にしています。

　Ansible TowerはRed Hatの製品としてリリースされていますが、アップストリーム版である
AWXはオープンソースソフトウェアとして無償で公開されています。AWXでは、Ansible
Towerと異なり、Red Hatのサポートエンジニアによるサポートを受けることはできません。また、
常に新機能が追加されてテストされているので、不安定になる場合もあります。信頼性が求められ
る環境でAWXを活用したい場合は、Ansible Towerの導入を検討するとよいでしょう。

　しかし、Ansible Towerの機能の多くはAWXでも利用可能です。Ansible Towerの導入を検討
する前に操作性を試したり、検証環境で利用したりする際には、本章の解説が役に立つはずです。

　Ansible TowerとAWXの主な違いは、次の通りです。

▼表10-1　Ansible TowerとAWXの主な違い

機能	Ansible Tower	AWX
サポート	受けられる	受けられない
セットアップ可能な環境	非コンテナおよびコンテナ環境	コンテナ環境
安定性	安定（AWXでテストされた変更が適用される）	不安定（常に最新の変更が適用される）

参考：https://www.redhat.com/ja/resources/awx-and-ansible-tower-datasheet

---

※1　コミュニティが中心となって開発しているオープンソースソフトウェアプロジェクトのことです。ここでの変更
　　や成果が、製品版であるAnsible Towerに反映されます。

10 - 2
AWXをインストールしてみよう

まずは、AWXをインストールしていきましょう。AWXはAnsibleプロジェクトの公式GitHubリポジトリ[2]から入手できます。

AWXには安定版という概念はなく、新機能やバグフィックスなどの更新が日々適用されています。本書ではAWX 9.0.0.0をベースに解説していますが、アップデートによって機能追加やUIの変更が発生する可能性があるので、検証の際には注意してください。

AWXは、コンテナを前提としたアーキテクチャとなっています。したがって、yumで直接インストールするというわけにはいきません。次に挙げるいずれかの方法でインストールする必要があります。

- Docker Compose
- Kubernetes（k8s）
- OpenShift

ここでは、もっともシンプルにデプロイができる「Docker Compose」を使ってAWXを導入してみましょう。

なお、「面倒なセットアップ手順を抜きにして、最初からセットアップ済みのAWXを触りたい！」という人のために、筆者のGitHubリポジトリ[3]に別のVagrantfileも用意しました。このVagrantfileを使用して仮想マシンを起動すると、AWXが起動します。こちらも活用してください。

10-2-1 動作環境

セットアップの前に、インストール先のマシンが表10-2の動作環境を満たしているかを確認しておきましょう。

▼表10-2　AWXの動作環境

CPU	2コア以上
メモリ	4GB以上
ディスク空き容量	20GB以上

※2　https://github.com/ansible/awx
※3　https://github.com/hiyokotaisa/awx-deploy

また、ノード上には、次に挙げたソフトウェアがインストールされている必要があります。

- Ansible 2.4以上
- Docker 最新版
- docker Pythonモジュール
- GNU Make
- Git 1.8.4以上
- Node.js 10.x LTS
- NMP 6.x LTS

AWXではデータの保管にPostgreSQLを利用しています。インストール時にノード上に自動でセットアップされますが、外部データベースを利用することも可能です。その際には、PostgreSQL 9.6以上のバージョンを利用する必要があるので注意してください。

10-2-2 AWXのインストール

ここでは、CentOS 7にDocker Composeを導入し、AWXをインストールする手順を紹介します。KubernetesやOpenShift上にセットアップする手順については、公式ドキュメント[4]のセットアップ手順を参照してください。

まず、必須パッケージの導入のため、EPELリポジトリを有効化します。

▶コマンド10-1　EPELリポジトリの有効化

```
$ sudo yum -y install epel-release
```

その後、必須パッケージであるGit、Ansible、Dockerと、DockerのPythonパッケージ導入のためにpipをインストールします。

▶コマンド10-2　pipのインストール

```
$ sudo yum -y install python-pip git ansible docker
```

インストールが完了したら、Dockerを起動します。この手順を忘れるとインストールに失敗するので、注意してください。

※4　https://github.com/ansible/awx/blob/devel/INSTALL.md

10-2 AWXをインストールしてみよう

▶ コマンド10-3　Dockerの起動

```
$ sudo systemctl start docker
```

さらに、インストール時のエラー回避のため、SELinuxを無効にします。

▶ コマンド10-4　SELinuxの無効化

```
$ sudo setenforce 0
```

その後、GitHubのawxリポジトリから、インストーラーのプレイブックを含む最新のAWXパッケージをダウンロードします。

▶ コマンド10-5　AWXのダウンロード

```
$ sudo git clone https://github.com/ansible/awx.git
```

インベントリファイルを確認します。今回は特に編集するポイントはありませんが、主要な設定を列挙しておきます。

インベントリファイルではさまざまな設定を変更可能です。DBやアカウント設定をデフォルトから変更したい場合も、このファイルを編集します。

pg_hostnameを指定すると、外部のPostgreSQLサーバーをAWXのDBサーバーとして指定できます。デフォルトでは、AWXと同じノードにDB用のコンテナを作成します。また、リスト10-1に示したセクションでは、DBのパスワードやポート番号、クラスタの管理に利用するRabbitMQのパスワードなども指定できます。

▶ リスト10-1　DBの設定などを指定する

```
# Set pg_hostname if you have an external postgres server, otherwise
# a new postgres service will be created
# pg_hostname=postgresql
pg_username=awx
# pg_password should be random 10 character alphanumeric string, when
postgresql is running on kubernetes
# NB: it's a limitation of the "official" postgres helm chart
pg_password=awxpass
pg_admin_password=postgrespass
pg_database=awx
pg_port=5432
#pg_sslmode=require

# RabbitMQ Configuration
rabbitmq_password=awxpass
rabbitmq_erlang_cookie=cookiemonster
```

239

第10章　AWX（Ansible Tower）を使ってみよう

　また、リスト10-2に示したセクションで、管理者であるadminユーザーのパスワードや、プロキシを利用している場合はプロキシの設定を定義できます。

▶リスト10-2　プロキシ設定を指定する

```
# This will create or update a default admin (superuser) account in A
WX, if not provided
# then these default values are used
admin_user=admin
admin_password=password

# Proxy
#http_proxy=http://proxy:3128
#https_proxy=http://proxy:3128
#no_proxy=mycorp.org
```

　インベントリファイルを確認したら、install.ymlを実行し、インストールを開始します。

▶コマンド10-6　install.ymlの実行

```
$ sudo ansible-playbook -i /home/vagrant/awx/installer/inventory /home/v
agrant/awx/installer/inst all.yml
```

　プレイブックの実行が完了しても、まだセットアップは続いています。現在のセットアップの状況は、次のログから確認できます。

▶コマンド10-7　セットアップログの確認

```
$ docker logs -f awx_task
```

　セットアップが完了すると、コマンド10-8のような出力が表示されます。

▶コマンド10-8　セットアップの完了

```
>>> <User: admin>
>>> Default organization added.
Demo Credential, Inventory, and Job Template added.
Successfully registered instance awx
(changed: True)
Creating instance group tower
Added instance awx to tower
(changed: True)
```

240

10-2　AWXをインストールしてみよう

セットアップの完了が確認できたら、次のURLにWebブラウザでアクセスします。

• http://<ノードのIPアドレス>

セットアップに問題がなければ、図10-1のようなログイン画面が表示されます。

▲図10-1　AWXのログイン画面

ここに、ログイン情報を入力してログインします。

• ユーザー名：admin
• パスワード：<インベントリファイルで設定したパスワード>

　パスワードは、デフォルトでは「password」になっています。無事ログインできれば、インストールは完了です。

10-2-3　AWXのダッシュボード

　ログインに成功すると、ダッシュボードが表示されます。ダッシュボードでは、現在登録されているホスト、実行したジョブのステータスのグラフ、最近実行したジョブテンプレートなどが確認できます。また、左側のメニューから、各種設定画面に移動できます。

241

▲図10-2　AWXのダッシュボード

また、このダッシュボードは左側のメニューの「ダッシュボード」をクリックするか、左上の「AWX」のロゴをクリックすると、再度表示させることができます。「i」のアイコンをクリックすると、現在のAWXのバージョン、およびAnsibleのバージョンを確認できます。

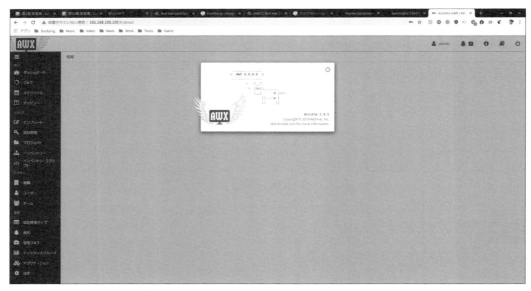

▲図10-3　AWSのバージョン表示

AWXからログアウトするには、左上の電源のアイコンをクリックします。すると、最初のログイン画面に戻ります。

10-2-4　プロジェクトの設定

まず、AWXからプレイブックを実行するためには、「**プロジェクト**」を作成する必要があります。ここでの「プロジェクト」とは、メインのプレイブック、ロールなどを含めた一連のコンテンツのことを指します。

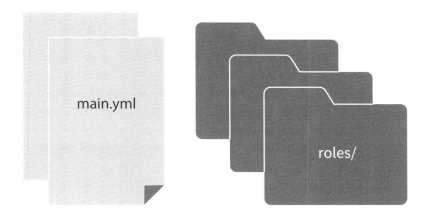

▲図10-4　AWXにおける「プロジェクト」の概念

AWXでは、プロジェクトで指定したディレクトリに存在するプレイブックを「**ジョブテンプレート**」として定義します。定義したジョブテンプレートを実行すると、「**ジョブ**」が生成され、実際にプレイブックが実行されます。

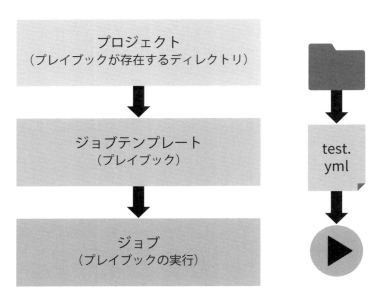

▲図10-5　AWXの「プロジェクト」の構造と実行フロー

　AWXのダッシュボード左側の「プロジェクト」メニューから、設定画面を開きます。すると、図10-6のように、AWXに登録されているプロジェクトの一覧が表示されます。

▲図10-6　プロジェクト一覧

現時点では何も追加していないので、プリセットされている「Demo Project」が表示されているだけです。プロジェクト名の横に「GIT」と表示されているのは、このプロジェクトがGitリポジトリをソースとしていることを表しています。

では、「Demo Project」をクリックしてみましょう。

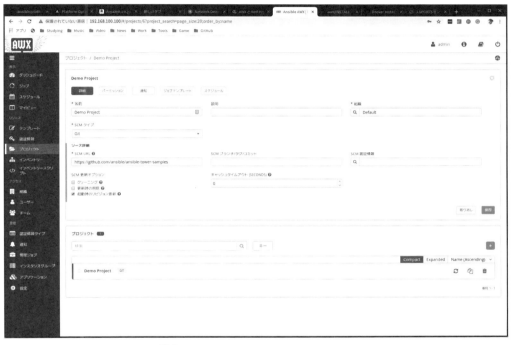

▲図10-7　Demo Projectの詳細

この設定画面では、プロジェクトの詳細が確認できます。「SCMタイプ」に応じて設定項目が変わりますが、ここではプレイブックがGit上に配置されているケースを前提に解説します。

SCMタイプ

「SCM（Source Control Management）」とは、GitやSubversionなどのソースコード管理システムのことです。AWXでは、次のようなSCMをサポートしています。

▼表10-3　AWXがサポートしているSCM

SCM	概要
手動	AWXノード上に直接プロジェクトディレクトリを配置する。デフォルトでは「/var/lib/awx/projects」配下のディレクトリを指定できるが、コンテナベースのアーキテクチャであるAWXでは、コンテナ内に直接コンテンツを配置することは推奨されていない
Git	社内にGitサーバーがある場合、GitHubやGitLabなどのGitホスティングサービスを利用している場合に指定する
Mercurial	ソースコード管理システムにMercurialを利用している場合に指定する
Subversion	ソースコード管理システムにSubversionを利用している場合に指定する
Red Hat Insights[5]	システム分析サービスの「Red Hat Insights」が自動で生成したプレイブックをAnsible Towerで利用する場合に指定する

　AWXはコンテナベースのアーキテクチャなので、コンテナ上にプレイブックなどのコンテンツを配置することは推奨されていません。必要に応じて、Gitなどのリポジトリにプレイブックを配置します。このサンプルのプロジェクトでは、次のリポジトリを参照しています。

- https://github.com/ansible/ansible-tower-samples

　プロジェクトの設定でGitを指定すると、プレイブックをGit上で一元管理でき、更新があっても常に最新版を実行することが可能になります。また、リビジョンを明示的に指定することも可能です。これらの機能によって、Ansible単体では難しいGitとのスムーズな連携を、コマンドなどの操作を意識せずに実現できます。

　さらに、プロジェクトは実行時に自動で更新を確認したり、手動で更新を実行することも可能です。右下の更新アイコンをクリックし、手動で更新を実行してみましょう。

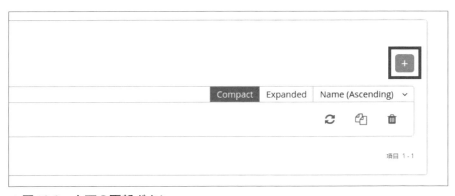

▲図10-8　右下の更新ボタン

※5　https://www.redhat.com/ja/technologies/management/insights

クリックすると、Demo Projectの左側の丸が灰色から緑色に点滅します。これは、現在更新処理中であることを表しています。更新が成功すると、緑色が点灯します。

▲図10-9　プロジェクトの更新完了

緑丸をクリックすると、実際の更新処理のジョブを確認できます。

▲図10-10　更新処理のジョブの詳細

10-2-5　インベントリの設定

続いて、インベントリを設定します。基本的な概念は、Ansibleで利用してきたインベントリファイルと同様です。グループやホストを手動で追加し、プレイブックの実行時に指定します。Ansible単体では、インベントリファイルのアクセス権の管理や保存はセキュアな方法を検討する

必要がありましたが、AWXではAWX内の1つのオブジェクトとして扱うことができるため、特定のユーザーのみに編集を許可するなど、細かな権限管理が可能です。

▲図10-11　インベントリのページ

では「Demo Inventory」の内容を見てみましょう。

▲図10-12　インベントリの詳細

この設定画面では、インベントリ変数などを定義できます。「ホスト」をクリックすると、このインベントリに登録されているホストを確認できます。

▲図10-13　インベントリに登録されているホスト

10-2 AWXをインストールしてみよう

Demo Inventoryには、あらかじめ**localhost**が登録されています。右上の「＋」をクリックすると、新しいホストを登録できます。

また、ホスト名をクリックすると、各ホストの設定画面が開きます。

▲図10-14　ホストの設定画面

ansible_connectionと**ansible_python_interpreter**がホスト変数として定義されています。新たにホスト変数を追加する場合は、変数のテキストボックスに新しい変数を追加し、右下の「保存」ボタンを押して保存します。

第8章で解説したダイナミックインベントリを利用する場合は、「**ソース**」で指定します。たとえばEC2向けのであれば「Amazon EC2」を指定します。リージョンやインスタンスフィルターを指定することもできます。

▲図10-15　ホストの設定画面

249

「**ソース**」には、ドロップダウンリストから次のいずれかを指定します。

▼表10-4 「ソース」の選択肢の概要

ソース	概要
プロジェクト	プロジェクトに紐付いているインベントリを利用する。たとえば、プロジェクトがGitHubを利用している場合、プロジェクトの中に存在するインベントリファイルを指定する
Amazon EC2	AWS向けのダイナミックインベントリを使用する
Google Compute Engine	GCP向けのダイナミックインベントリを利用する
Microsoft Azure Resource Manager	Microsoft Azure向けのダイナミックインベントリを利用する
VMware vCenter	VMware vCenter向けのダイナミックインベントリを利用する
Red Hat Satellite 6	Red Hat Satellite向けのダイナミックインベントリを利用する
Red Hat CloudForms	Red Hat CloudForms向けのダイナミックインベントリを利用する
OpenStack	OpenStack向けのダイナミックインベントリを利用する
Red Hat Virtualization	Red Hat Virtualization向けのダイナミックインベントリを利用する
Ansible Tower	別のAnsible Towerをインベントリソースとして利用する
カスタムスクリプト	カスタムダイナミックインベントリスクリプトを利用する。カスタムスクリプトは「インベントリースクリプト」メニューから登録可能

AWXにはダイナミックインベントリ、および、利用に必要な最低限のPythonライブラリがあらかじめ同梱されているので、認証情報を設定するだけで利用が可能です。

10-2-6 認証情報

AWXダッシュボードの左側の「認証情報」をクリックすると、AWXに定義されている認証情報の一覧が表示されます。

ターゲットノードにログインする際や、EC2やvCenterの認証情報などをAWXに暗号化して保存しておくことができます。保存できる認証情報は複数あるので、必要に応じて定義します。

Ansibleで認証情報をセキュアに保存するにはAnsible Vaultを利用しますが、AWXでは暗号化や復号化などの作業を意識せずにセキュアな状態で保持できます。また、AWXであれば、一般ユーザーは権限を与えない限りは認証情報に設定されている内容を閲覧したり編集したりできないので、作業者にターゲットノードやAWSのログインパスワードを知られたくないようなケースにも最適です。

10-2 AWXをインストールしてみよう

▼表10-5　認証情報の種類と概要

認証情報	概要
Amazon Web Services	AWS向けの認証情報を指定する
Ansible Tower	別のAnsible Towerの認証情報を指定する
CyberArk AIM Secret Lookup	CyberArk Application Identity Managerに一元管理されているパスワードを取得するための認証情報を指定する
CyberArk Conjur Secret Lookup	CyberArk Conjurに一元管理されているパスワードを取得するための認証情報を指定する
Google Compute Engine	GCE向けの認証情報を指定する
HashiCorp Vault Secret Lookup	HashiCorp Vaultに一元管理されているパスワードを取得するための認証情報を指定する
HashiCorp Vault Signed SSH	HashiCorp Vaultに一元管理されているSSHキーを取得するための認証情報を指定する
Insights	Red Hat Insights向けの認証情報を指定する
マシン	Linux ／ Windowsなどの認証情報を指定する
Microsoft Azure Key Vault	Azure Key Vaultに一元管理されているパスワードを取得するための認証情報を指定する
Microsoft Azure Resource Manager	Azure向けの認証情報を指定する
ネットワーク	ネットワーク機器向けの認証情報を指定する
OpenStack	OpenStack向けの認証情報を指定する
Red Hat CloudForms	Red Hat CloudForms向けの認証情報を指定する
Red Hat Satellite 6	Red Hat Satellite 6向けの認証情報を指定する
Red Hat Virtualization	Red Hat Virtualization向けの認証情報を指定する
ソースコントロール	GitHubのログイン情報などのプロジェクト設定時に利用するSCM向けの認証情報を指定する
Vault	Ansible Vaultを利用している場合の認証情報を指定する
VMware vCenter	VMware vCenter向けの認証情報を指定する

　サンプルとして「Demo Credential」というマシンクレデンシャル定義されています。マシンクレデンシャルとは、LinuxやWindowsなどのターゲットノードに接続するためのユーザー名やパスワードのログイン情報のことです。新しい認証情報を追加するには、右上の緑色の「+」ボタンを押します。

▲図10-16　認証情報の設定画面

では、「Demo Credential」の設定内容を確認してみましょう。

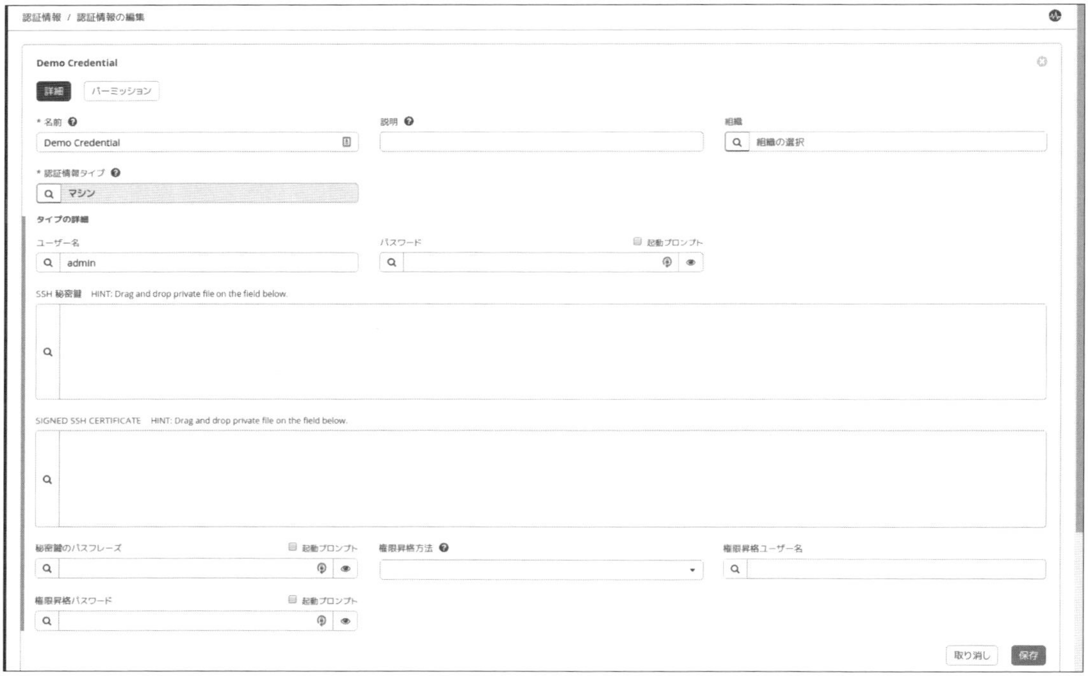

▲図10-17　サンプルの「Demo Credential」の詳細

　マシンクレデンシャルには、LinuxやWindowsなどの通常のターゲットノードのユーザー名やパスワードなどを定義します。SSH鍵や権限昇格の方法、権限昇格時のユーザー名やパスワードを指定することもできます。Linuxサーバーなどのホストに対する認証情報を定義する場合は、マシンクレデンシャルを利用し、ネットワーク機器の場合はネットワーククレデンシャルを利用します。

ジョブテンプレート

　「**ジョブテンプレート**」では、先ほど確認したプロジェクトやインベントリ、認証情報を組み合

わせて、実際に実行するプレイブックを定義します。これは、ansible-playbookコマンドでホスト名やプレイブックを指定するのと似ています。AWXでは、ジョブテンプレートを定義して実行することで、プレイブックを実行できます。

では、ジョブテンプレートのサンプルを確認してみましょう。AWXのダッシュボード左側の「ジョブテンプレート」メニューから、ジョブテンプレートの一覧を開きます。

▲図10-18　ジョブテンプレートの設定画面

「Demo Job Template」は、デフォルトで定義されているテンプレートです。右側のロケットのようなアイコンをクリックすると、テンプレートを実行できます。

実行する前に、「Demo Job Template」をクリックして、設定内容を確認します。

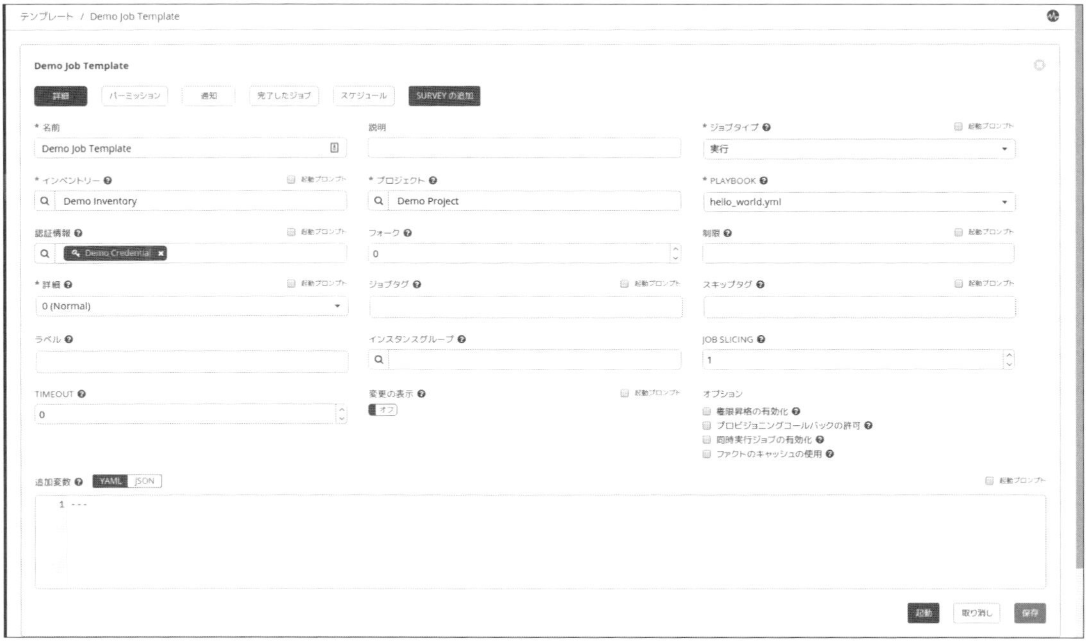

▲図10-19　「Demo Job Template」の詳細

ジョブの実行

「**ジョブ**」は、AWXが実行する処理の単位です。プレイブックの実行やプロジェクトの更新、ダイナミックインベントリの実行などもすべてジョブ単位で実行され、実行結果を確認できます。

ジョブテンプレートを実行すると「ジョブ」が生成されます。ジョブの中で、実際にプレイブックが実行され、その結果を確認できます。

ジョブメニューでは、これまで実行したジョブの一覧を確認できます。

▲図10-20　ジョブ一覧

ワークフロー

AWXの特徴的な機能として、「**ワークフロー**」というものがあります。フローを作成し、ジョブの成功や失敗に応じて実行するプレイブックを切り換えるといったことができます。

ワークフローの定義は「ワークフローエディター」から直感的に作成できます。

▲図10-21　ワークフロービジュアライザー

「**ワークフロービジュアライザー**」では、ジョブテンプレートや別のワークフローなどを指定し、「ジョブの成功時」もしくは「ジョブの失敗時」で分岐させ、別のジョブテンプレートなどを実行ができます。「開始」をクリックすると、図10-22のように右側に新しいボックスが出現します。

▲図10-22　ジョブの分岐

ボックスを選択すると、右側にジョブテンプレートやワークフローなどの一覧が表示されます。上部のプルダウンメニューから、追加するカテゴリーを変更できます。

▲図10-23　新しいジョブの指定

また、新しい機能として「**Approval**」という要素があります。Approvalを追加すると、権限のあるユーザーが承認しない限り、次のフローに進まなくなります。

たとえば、クリティカルな変更を実施するワークフローを作成する場合、責任者の承認が必要な場合などに活用できます。承認を求められると、図10-24のように通知されます。「APPROVE」を選択すると、承認できます。

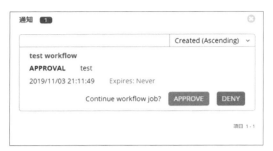

▲図10-24　Approvalの通知

ユーザー管理

最初にログインしたadminユーザーは、AWXにおけるすべての権限を有する特権ユーザーです。通常、全員が特権ユーザーを共用することは好ましくないため、使用者ごとにユーザーを作成し、必要な権限を割り当てることになります。

AWXでも、ユーザーを作成したり管理したりできます。

▲図10-25　ユーザー設定画面

デフォルトでは、adminユーザーのみが存在しています。adminユーザーは、AWX上のすべてのリソースに対する権限を持っています。

右上の「+」ボタンから、新規ユーザーを作成してみましょう。

▲図10-26　新規ユーザーの作成

名前やメールアドレス、パスワードを入力し、ユーザータイプを選択します。ここでは「Normal User」を作成してみます。なお、ユーザータイプは次から選びます。

▼表10-6　ユーザータイプ

ユーザータイプ	概要
Normal User	一般ユーザー。後述する「パーミッション」で割り当てられている権限以外に、特別な権限を持たない
System Auditor	AWXのシステム設定を含めたAWXのリソースを閲覧できる監査ユーザー。閲覧は可能だが、編集や実行はできない
System Administrator	AWXのシステム設定を含めたAWXのリソースを閲覧、編集、実行できる特権ユーザー。AWX内のリソースに対するすべての権限を所有する

ユーザーの作成が完了したら、右上の電源ボタンからログアウトし、再度作成したユーザーでAWXにログインします。

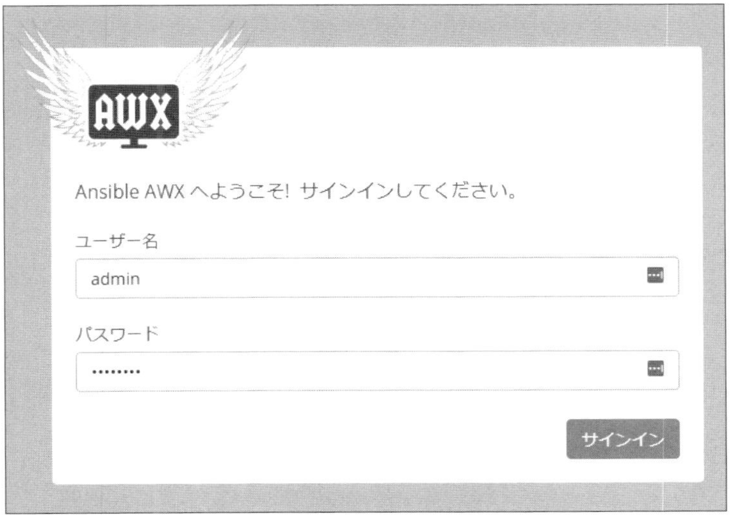

▲図10-27　ログアウト

ログインすると、adminユーザーのときと同様にダッシュボードが表示されますが、左側のメニューからいくつかの項目がなくなっていることに気がつくはずです。一般ユーザーではAWXのシステム設定の変更などができないため、関連する項目が非表示になっています。

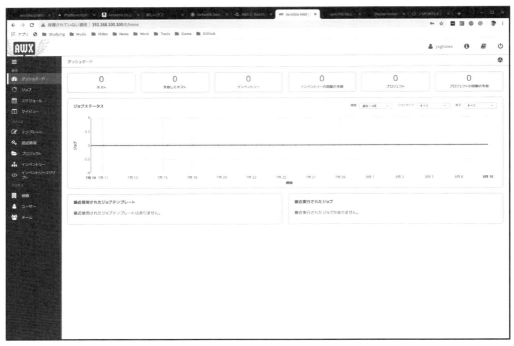

▲図10-28　一般ユーザーのダッシュボード

　また、テンプレートのメニューを開いても、先ほどまでは表示されていた「Demo Job Template」がなくなっていることがわかります。「権限管理」の項で詳しく説明しますが、このテンプレートに対するパーミッションを所有していないと、閲覧できないからです。

▲図10-29　「テンプレート」には何も表示されない

　このユーザーは作成しただけなので、どのリソースに対しても権限を有していません。したがって、実際に一般ユーザーを利用する際には、どのリソースに対してどのような操作を許可するかといったポリシーを明確にした上で、パーミッションを設定していきます。

権限管理

　AWXが優れている点の1つとして、柔軟な権限管理ができることが挙げられます。先ほどの一般ユーザーの例では、権限が足りないためにジョブテンプレートの存在が確認できませんでした。「特定のユーザーだけに実行させたい」「特定のグループだけに編集を許可したい」といった権限管理は、組織内で運用していく上では必須の機能です。

　AWXの権限管理は、「誰（ユーザーやチーム）に、どのオブジェクト（ジョブテンプレートやプロジェクト、インベントリなど）に対して、どのようなアクション（編集や実行、読み取り）を許可するか」という観点で設定します。また、実際にユーザーが得られる権限は、チームや組織に所属している場合、それぞれに割り当てられた権限にも影響されます。

　たとえば、ユーザーAにジョブテンプレートAの実行権限を与えた場合、ユーザーAはジョブテンプレートAは実行できますが、権限のないジョブテンプレートBは閲覧することも実行することもできません。しかし、ユーザーAがチームに所属しており、そのチームがジョブテンプレートBに対する実行権限が割り当てられていれば、ユーザーAはジョブテンプレートBを実行できます。

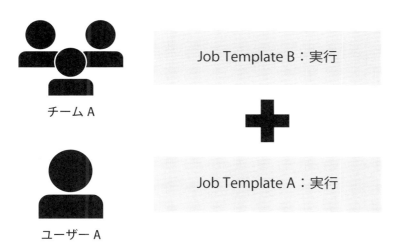

▲図10-30　権限管理の概念

　では、先ほどの一般ユーザーに「Demo Job Template」を実行させる権限を付与してみましょう。adminユーザーでAWXにログイン後、「ユーザー」設定に移動します。

▲図10-31　adminユーザーでパーミッションを確認

　先ほど作成したユーザーをクリックすると、ユーザーの詳細設定が確認できます。「パーミッション」メニューを開き、右上の「＋」ボタンから新しいパーミッションを定義します。

▲図10-32　パーミッションを追加

　パーミッションの追加では、AWXの各リソースに対して権限を設定できます。ここでは、「Demo Job Template」のチェックボックスにチェックを入れます。

▲図10-33　パーミッションを付与するリソースにチェックする

　すると、「ロールの選択」という画面が表示されます。ここでのロールは、Ansibleでのロールとは異なり、「AWXの各リソースに対する役割」のことです。ジョブテンプレートに設定できるロールは表10-7の通りです。

▼表10-7　AWXのロールの種類

ロール	概要
管理者	対象のジョブテンプレートに関わるすべての権限を付与する。ジョブテンプレートの閲覧、実行、変更が可能
実行	ジョブテンプレートの閲覧と実行が可能。設定内容の変更はできない
読み込み	ジョブテンプレートの設定内容の閲覧が可能。設定内容の変更とジョブテンプレートの実行はできない

　ここでは、実行を許可したいので、「実行」を選択し、右下の「保存」ボタンを押します。

▲図10-34 「実行」を選択して「保存」する

　完了したら、一般ユーザーで再度ログインし、再度「テンプレート」を開いてみましょう。先ほどまで表示されていなかった「Demo Job Template」が表示されていることが確認できるはずです。

▲図10-35 「Demo job template」が表示されている

　「Demo Job Template」をクリックすると、設定内容を確認できます。しかし、各設定項目はグレーアウトしているので、設定の変更はできません。
　また、右下に「保存」ボタンがなく、「起動」のみとなっていることもわかります。このユーザーは実行権限しか有しておらず、設定内容を変更して保存することができないため、保存ボタンが非表示になっているわけです。

▲図10-36 「保存」ボタンが非表示（無効）

「起動」ボタンを押すと、実際にジョブが実行されます。インベントリや認証情報への権限がなくとも、ジョブテンプレートの実行権限があれば、ジョブを実行することは可能です。

▲図10-37　ジョブの実行画面

LDAPとの連携

　AWXのローカルユーザーだけではなく、Active Directoryなどのユーザーを利用することも可能です。そのためにはまずLDAP設定を実施する必要があります。ここでは、Active Directoryを利用したユーザー設定を紹介します。

　AWXのダッシュボードの「設定」から「LDAP」に移動すると、図10-38のようなページが開きます。

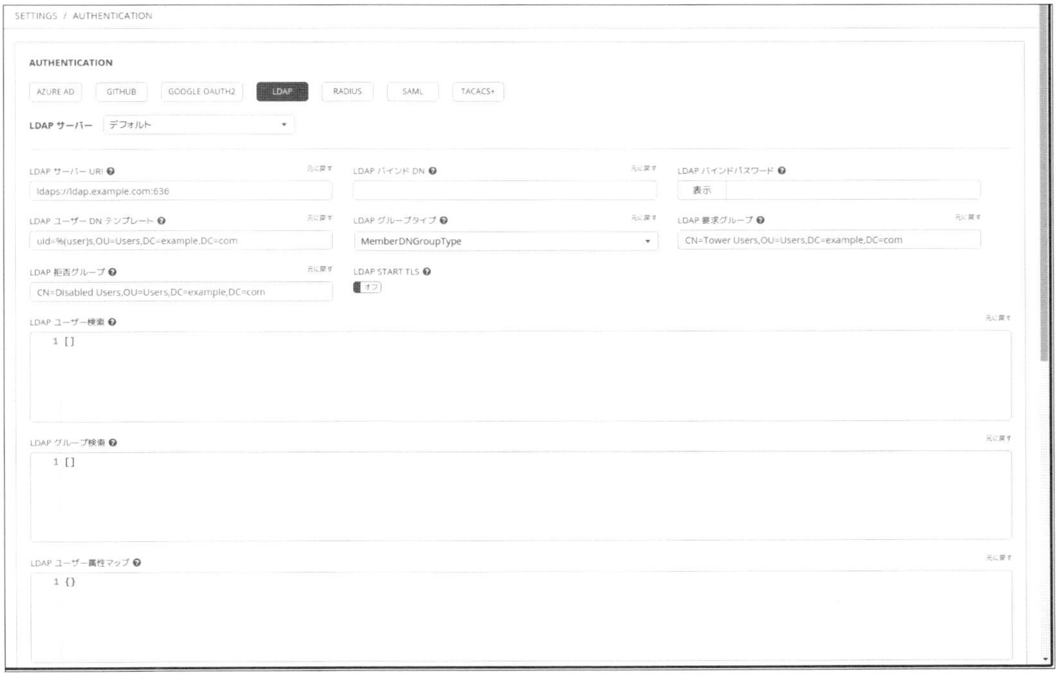

10-2 AWXをインストールしてみよう

▲図10-38 LDAPの設定画面

LDAPユーザーをAWXで利用するには、次のような設定を実施する必要があります。

設定項目	内容
LDAPサーバー URI	接続するLDAP ／ LDAPSサーバーを指定する
LDAPバインドDN	LDAPサーバー上でユーザーやグループを検索するためのユーザーである「バインドDN」を指定する
LDAPバインドパスワード	LDAPバインドDNで指定したユーザーのパスワードを指定する
LDAPユーザー DNテンプレート	LDAPユーザーの検索に利用できるが、後述する「LDAPユーザー検索」を指定する場合は別途定義する必要はない
LDAPグループタイプ	接続するLDAPサーバーの種類に基づいて、グループのタイプを指定する
LDAP要求グループ	ログインに必要なグループDNを指定する
LDAP拒否グループ	特定のグループにAWXを利用させたくない場合は、拒否グループを指定する

また、LDAPユーザーを検索するために、「LDAPユーザー検索」を構成する必要があります。ここで指定された検索クエリーを利用し、AWXはLDAPユーザーを検索します。

代表的なActive Directoryのためのユーザー検索設定はリスト10-3の通りです。1行目にユーザ

265

ーを検索する基本DN、2行目に指定した基本DNを再帰的に検索、3行目にユーザー名が保存されているキー名（sAMAccountName）を指定しています。

▶リスト10-3　ユーザー検索設定の例

```
[
  "dc=hiyoko,dc=local",
  "SCOPE_SUBTREE",
  "(sAMAccountName=%(user)s)"
]
```

「LDAPグループ検索」についても、同様に利用するLDAPサーバーに基づいて設定します。

▶リスト10-4　LDAPグループ検索設定の例

```
[
  "dc=hiyoko,dc=local",
  "SCOPE_SUBTREE",
  "(objectClass=group)"
]
```

　詳しいLDAP認証の設定方法は、Ansible Tower向けのガイドが参考になるので、確認してみてください。

SAMLによるシングルサインオン (SSO)

　AWXでは、ADFSやOneLoginなどを利用した「**シングルサインオン**」が可能です。これにより、ユーザーを切り替えることなくシームレスにAWXを利用できます。

　OAuthを利用して、GoogleアカウントやGitHubのアカウントでAWXにログインすることもできます。本書では具体的な設定方法については割愛しますが、外部のユーザーアカウントを連携させることで、AWX向けに新たにユーザーを作成する必要がなくなるため、アカウント管理が楽になります。

外部ロギング

　AWXでは、SplunkやELK（Elasticsearch）などの外部ロギングとの連携が可能です。これにより、AWXの実行ログやAWXそのもののログを一元管理できます。

　今回は、統合ログ管理ツールである「Splunk」に対してAWXのログを出力する設定を行います。AWXではHTTP/HTTPS経由でログをSplunkに出力できるので、出力したログを受け取れるようにSplunk側で設定しておく必要があります。

●Splunk側にHTTP Event Collectorを構成する

まず、Splunkにログインします。管理者ユーザー（デフォルトではAdmin）としてログインし、Splunkのダッシュボードを表示します。

図10-39　Splunkに管理者ユーザーでログインする

ダッシュボードが表示されたら、「設定」から「データの追加」を選び、さらに「データ入力」の項目を開きます。ここで、HTTP Event Collectorの設定ができます。

図10-40　「データの追加」→「データ入力」を開く

「ローカル入力」の設定から、「HTTTPイベントコレクタ」を選んで、「＋新規追加」をクリックします。

図10-41 「ローカル入力」で「HTTTP イベントコレクタ」を選び、新規追加する

続いて、HTTPイベントコレクタを構成します。名前を入力し、「次へ」ボタンを押します。

図10-42 HTTPイベントコレクタを構成する

ソースタイプやインデックスなどを設定することができますが、今回は特に変更する必要はないので、そのまま「次へ」ボタンを押します。

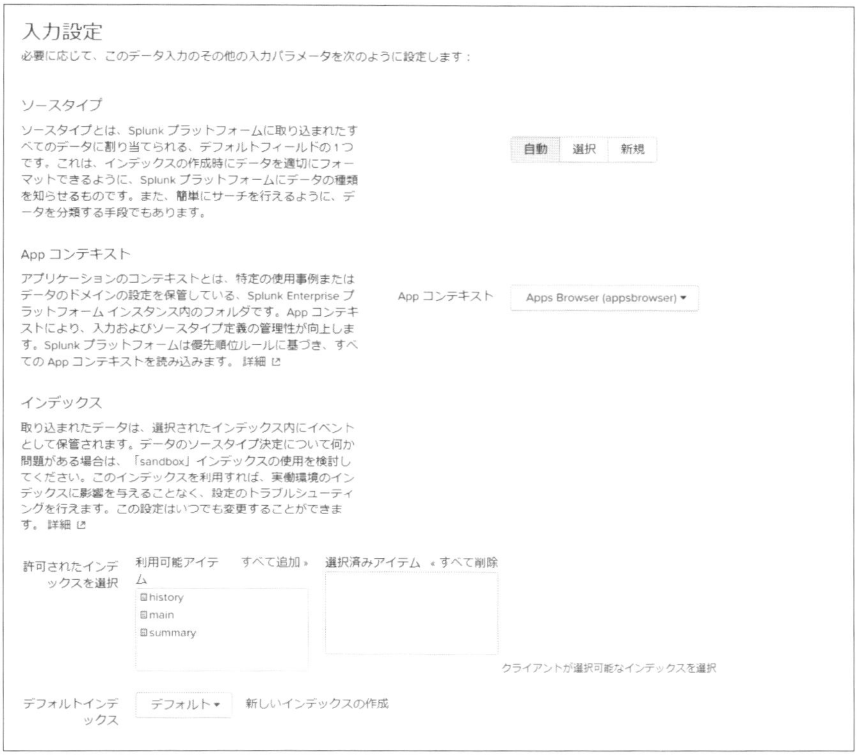

入力設定
必要に応じて、このデータ入力のその他の入力パラメータを次のように設定します：
ソースタイプ
ソースタイプとは、Splunk プラットフォームに取り込まれたすべてのデータに割り当てられる、デフォルトフィールドの1つです。これは、インデックスの作成時にデータを適切にフォーマットできるように、Splunk プラットフォームにデータの種類を知らせるものです。また、簡単にサーチを行えるように、データを分類する手段でもあります。
自動
選択
新規
App コンテキスト
アプリケーションのコンテキストとは、特定の使用事例またはデータのドメインの設定を保管している、Splunk Enterprise プラットフォーム インスタンス内のフォルダです。App コンテキストにより、入力およびソースタイプ定義の管理性が向上します。Splunk プラットフォームは優先順位ルールに基づき、すべての App コンテキストを読み込みます。詳細
App コンテキスト
Apps Browser (appsbrowser)
インデックス
取り込まれたデータは、選択されたインデックス内にイベントとして保管されます。データのソースタイプ決定について何か問題がある場合は、「sandbox」インデックスの使用を検討してください。このインデックスを利用すれば、実働環境のインデックスに影響を与えることなく、設定のトラブルシューティングを行えます。この設定はいつでも変更することができます。詳細
許可されたインデックスを選択
利用可能アイテム
すべて追加 »
選択済みアイテム
« すべて削除
history
main
summary
クライアントが選択可能なインデックスを選択
デフォルトインデックス
デフォルト
新しいインデックスの作成

▲図10-43 「入力設定」はデフォルトでOK

設定を確認し、問題がなければそのまま「実行 >」ボタンを押します。

データの追加
ソースの選択
入力設定
確認
完了
‹ 戻る
実行 ›
確認
入力タイプ .... トークン
名前 .... AWX
ソース名上書き .... N/A
詳細 .... N/A
インデクサー確認を有効化 いいえ
アウトプットグループ .... N/A
許可インデックス .... N/A
デフォルトインデックス .... default
ソースタイプ .... 自動
App コンテキスト .... launcher

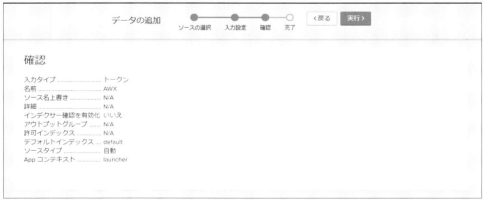

▲図10-44 右上の「実行 >」ボタンを押す

設定が完了すると「トークン値」が表示されます。この設定はAWX側で指定する必要があるので、コピーして控えておきます。

▲図10-45　設定が完了すると「トークン値」が表示される

● AWX側の設定

Splunk側の構成が完了したら、AWXに戻り、「設定」画面から「システム」の「ロギング」を選択します。図10-46のような設定画面が表示されます。

▲図10-46　ロギング」の設定画面

10-2　AWXをインストールしてみよう

▼表10-8　ロギングの設定項目

設定項目	内容
外部ログの有効化	外部ログ出力のオン／オフを指定する
ログアグリゲーター	SplunkのHTTPイベントコレクタのエンドポイントを指定する。デフォルトでは、次のエンドポイントが利用される http://\<SplunkサーバーのIPアドレスもしくはFQDN\>:8088/services/collector/event
ログアグリゲーターのタイプ	外部ログの出力先の種類を指定する。今回はSplunkを利用しているので、「splunk」を指定する
ログアグリゲーターのパスワード／トークン	ここにHTTPイベントコレクタを設定した際にコピーした「トークン値」を指定する

　設定が完了したら、「テスト」をクリックし、正しくログが出力されるかを確認します。正しく設定されていれば、図10-47のようにSplunk上でテストメッセージを検索できるようになります。

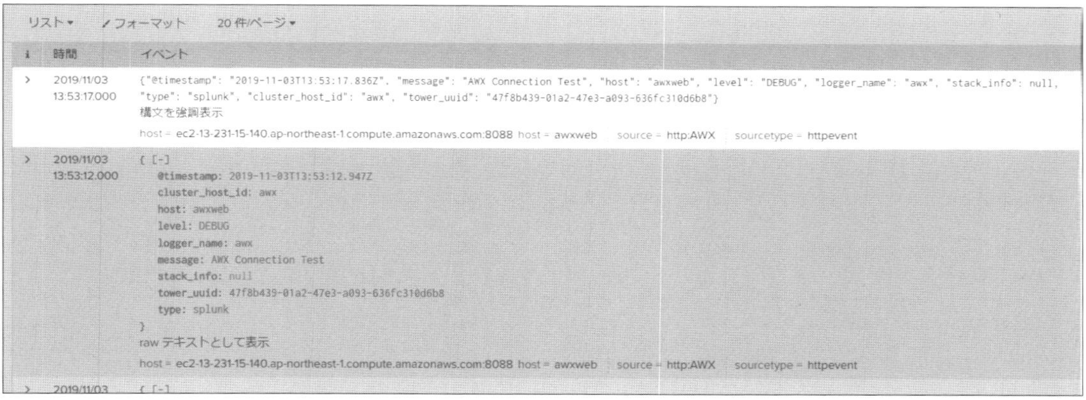

▲図10-47　テキストの検索

　AWXには、ここで紹介した機能のほかにもさまざまな便利機能があります。AWXは日々更新されており、機能追加も非常に活発に行われているので、一度実際に試してみて、その便利さを体感してください。

271

Index

A ~ B

A10 ……… 139
Active Directory ……… 069, 129 ~ 131, 133, 136, 140, 143, 189, 210, 212, 264, 265
AD CS ……… 129
ADFS ……… 266
Adhoc ……… 064, 065
AI ……… 197
AIX ……… 017
Amazon EC2 ……… 002, 249, 250
AMD-V ……… 048
Ansible Engine ……… 016, 038
Ansible Galaxy ……… 091, 229
Ansible Tower ……… 016, 121, 236, 246, 250, 25, 266
Ansible Vault ……… 087, 121, 122, 250, 251
ansible-inventory ……… 201
ansible-lint ……… 079 ~ 081, 223
ansible-playbook ……… 042, 065, 068 ~ 071, 074, 075, 077, 078, 092, 10, 109, 118, 161, 165, 168, 184, 195, 204, 207, 240, 253
Apache ……… 037
Apache Lincense ……… 235
Approval ……… 255, 256
apt ……… 017, 037
apt-get ……… 059
Arista EOS ……… 148, 151
Aurora ……… 174
Auto Scaling ……… 004
AWS ……… 004, 037, 124, 174 ~ 178, 186 ~ 188, 202, 220, 236, 242, 250, 251
AWS EC2 ……… 175, 220
AWS Marketplace ……… 158, 178
Azure Cloud Shell ……… 196
Azure SDK ……… 188, 196
Azure VM ……… 190
A レコード ……… 214
base リポジトリ ……… 060
bash ……… 005, 039
BigQuery ……… 197
BIOS ……… 048
Box ……… 057
BSD ……… 017, 068

C ~ E

CD ……… 008, 009, 220, 221
CentOS ……… 017, 057, 059, 084, 088, 089, 104, 121, 132, 178, 217, 221, 238
Certificate ……… 128, 135
Chef ……… 011
chmod ……… 184, 185
Chocolatey ……… 137

CI ……… 008, 009, 013, 081, 220, 221
CircleCI ……… 007
Cisco ……… 013, 037, 146, 147, 151, 154, 156, 170
CLI ……… 038, 148
Cloud SQL ……… 197
CloudFormation ……… 187
Compute Engine ……… 197, 198, 201, 204, 250, 251
config ……… 003, 155, 164, 166 ~ 168, 170
Continuous Delivery ……… 009, 220
Continuous Integration ……… 008, 220
CredSSP ……… 133 ~ 135, 141, 213
CSV ……… 039
CyberArk ……… 251
Cygwin ……… 059
Debian ……… 017
DELL ……… 148
DevOps ……… 008
dictionary ……… 041
Directive ……… 026
DISM ……… 139
DNS ……… 032, 037, 075, 186, 210, 212, 214, 217
doas ……… 068
Docker Compose ……… 237, 238
DragonFly BSD ……… 017
Elasticsearch ……… 266
ELB ……… 220
ELK ……… 266
EPEL リポジトリ ……… 060, 079, 238
ESXi ……… 216 ~ 218

F ~ H

Facts ……… 038, 167, 168
Fedora ……… 060
FQDN ……… 141, 186, 207, 213, 271
FreeBSD ……… 017
FreeIPA ……… 037
GCE ……… 198, 201, 204, 224, 251
GCP ……… 197, 198, 201, 203, 205, 250
Git ……… 007, 008, 037, 060, 084, 238, 245, 246
git clone ……… 066, 084, 239
GitHub ……… 008, 016, 053, 066, 084, 086, 144, 159, 161, 175, 206, 237, 239, 246, 250, 251, 266
GitLab ……… 008, 233, 246
GNU Make ……… 238
Grafana ……… 037
GUI ……… 137
Handler ……… 043, 100, 101
HAProxy ……… 037
Hashicorp ……… 053
HashiCorp Vault ……… 251
hostname ……… 065, 087, 143, 217

272

Hotfix ⋯⋯⋯⋯⋯⋯⋯⋯⋯⋯⋯⋯⋯⋯⋯⋯ 139
HPE iLO ⋯⋯⋯⋯⋯⋯⋯⋯⋯⋯⋯⋯⋯⋯⋯ 037
HTML ⋯⋯⋯⋯⋯⋯⋯⋯⋯⋯ 022, 089, 093

I 〜 K
IaaS ⋯⋯⋯⋯⋯⋯⋯⋯⋯⋯ 002, 172, 174, 198
IAM ⋯⋯⋯⋯⋯⋯⋯⋯ 176 〜 177, 198, 220
ICMP ⋯⋯⋯⋯⋯⋯⋯⋯⋯⋯⋯⋯ 164 〜 166
IIS ⋯⋯⋯⋯⋯⋯⋯⋯⋯⋯⋯⋯⋯⋯⋯⋯⋯⋯ 136
indent-rainbow ⋯⋯⋯⋯⋯⋯⋯⋯⋯⋯⋯ 022
Infrastructure as Code ⋯⋯⋯⋯ 006 〜 008, 010, 013
INI ⋯⋯⋯⋯⋯⋯⋯⋯⋯⋯⋯⋯⋯⋯⋯⋯ 032, 034
Intel VT ⋯⋯⋯⋯⋯⋯⋯⋯⋯⋯⋯⋯⋯⋯ 048
Interpreter Discovery ⋯⋯⋯⋯⋯⋯⋯ 045
IOPS ⋯⋯⋯⋯⋯⋯⋯⋯⋯⋯⋯⋯⋯⋯⋯⋯ 191
IOS ⋯⋯⋯⋯⋯⋯⋯ 146, 148, 149, 154, 155
IOS-XR ⋯⋯⋯⋯⋯⋯⋯⋯⋯⋯⋯⋯⋯⋯⋯ 146
iptables ⋯⋯⋯⋯⋯⋯⋯⋯⋯⋯⋯⋯ 037, 162
IPv4 ⋯⋯⋯⋯⋯⋯⋯⋯⋯⋯⋯ 042, 155, 160
IPv6 ⋯⋯⋯⋯⋯⋯⋯⋯⋯⋯⋯ 042, 155, 160
IP アドレス ⋯⋯⋯⋯ 032, 042, 086, 160 〜 162,
　　　　　172, 207, 217, 218, 241, 271
Java ⋯⋯⋯⋯⋯⋯⋯⋯⋯⋯⋯⋯⋯⋯⋯⋯ 137
JDK ⋯⋯⋯⋯⋯⋯⋯⋯⋯⋯⋯⋯⋯⋯⋯⋯ 137
Jenkins ⋯⋯⋯⋯⋯⋯⋯⋯⋯⋯⋯⋯ 007, 037
Jinja2 ⋯⋯⋯⋯⋯⋯⋯⋯ 012, 039, 107, 108
JSON ⋯⋯⋯⋯⋯⋯⋯ 106, 156, 173, 198
Juniper ⋯⋯⋯⋯⋯⋯ 013, 037, 147, 156, 157
k8s ⋯⋯⋯⋯⋯⋯⋯⋯⋯⋯⋯⋯⋯⋯⋯⋯⋯ 237
KB 番号 ⋯⋯⋯⋯⋯⋯⋯⋯⋯⋯⋯ 138, 139
Kerberos ⋯⋯⋯⋯⋯⋯ 068, 127 〜 135, 141, 213
Keycloak ⋯⋯⋯⋯⋯⋯⋯⋯⋯⋯⋯⋯⋯⋯ 037
ksh ⋯⋯⋯⋯⋯⋯⋯⋯⋯⋯⋯⋯⋯⋯⋯⋯⋯ 039
Kubernetes ⋯⋯⋯⋯⋯⋯⋯ 037, 237, 238
Kubernetes Engine ⋯⋯⋯⋯⋯⋯⋯⋯ 197
KVM ⋯⋯⋯⋯⋯⋯⋯⋯⋯⋯⋯⋯⋯⋯⋯⋯ 002

L 〜 N
Lambda ⋯⋯⋯⋯⋯⋯⋯⋯⋯⋯⋯⋯⋯⋯⋯ 174
LDAP ⋯⋯⋯⋯⋯⋯⋯⋯⋯⋯⋯⋯ 264 〜 266
localhost ⋯⋯⋯⋯⋯⋯ 022, 064, 065, 068, 116, 248
LUKS ⋯⋯⋯⋯⋯⋯⋯⋯⋯⋯⋯⋯⋯⋯⋯⋯ 037
machinectl ⋯⋯⋯⋯⋯⋯⋯⋯⋯⋯⋯⋯⋯ 068
macOS ⋯⋯⋯⋯⋯⋯⋯ 017, 048, 059, 084, 184
MariaDB ⋯⋯⋯⋯⋯⋯⋯⋯⋯ 099, 103 〜 105
Mercurial ⋯⋯⋯⋯⋯⋯⋯⋯⋯⋯⋯⋯⋯ 246
Molecule ⋯⋯⋯⋯⋯ 221 〜 224, 226 〜 229
MySQL ⋯⋯⋯⋯⋯⋯⋯⋯⋯ 037, 103 〜 105
NAS ⋯⋯⋯⋯⋯⋯⋯⋯⋯⋯⋯⋯⋯⋯⋯⋯ 213
Negotiate ⋯⋯⋯⋯⋯⋯⋯⋯⋯⋯⋯⋯⋯ 127
NetBIOS ⋯⋯⋯⋯⋯⋯⋯⋯⋯⋯⋯ 141, 213
NetBSD ⋯⋯⋯⋯⋯⋯⋯⋯⋯⋯⋯⋯⋯⋯ 017
NETCONF ⋯⋯⋯⋯⋯⋯ 148, 150, 151, 156, 157
nginx ⋯⋯⋯⋯⋯ 005, 012, 013, 021, 037, 066, 067,
　　　　　070, 071, 085, 088, 090 〜 092, 119
Node.js ⋯⋯⋯⋯⋯⋯⋯⋯⋯⋯⋯⋯⋯⋯ 238
NT Lan Manager ⋯⋯⋯⋯⋯⋯⋯⋯⋯ 129

NTLM ⋯⋯⋯⋯⋯⋯⋯⋯ 127, 129, 134, 135
NX-OS ⋯⋯⋯⋯⋯⋯⋯⋯⋯⋯ 146, 148, 150

O 〜 R
OAuth ⋯⋯⋯⋯⋯⋯⋯⋯⋯⋯⋯⋯⋯⋯⋯ 266
OneLogin ⋯⋯⋯⋯⋯⋯⋯⋯⋯⋯⋯⋯⋯ 266
OneView ⋯⋯⋯⋯⋯⋯⋯⋯⋯⋯⋯⋯⋯⋯ 037
OpenBSD ⋯⋯⋯⋯⋯⋯⋯⋯⋯⋯⋯⋯⋯⋯ 017
OpenShift ⋯⋯⋯⋯⋯⋯⋯⋯⋯⋯ 237, 238
OpenSSL ⋯⋯⋯⋯⋯⋯⋯⋯⋯⋯⋯ 037, 129
OpenStack ⋯⋯⋯⋯⋯⋯⋯⋯⋯⋯ 224, 250
Oracle ⋯⋯⋯⋯⋯⋯⋯⋯⋯⋯⋯⋯⋯⋯⋯ 048
OSS ⋯⋯⋯⋯⋯⋯⋯⋯⋯⋯⋯⋯⋯⋯⋯⋯ 016
pbrun ⋯⋯⋯⋯⋯⋯⋯⋯⋯⋯⋯⋯⋯⋯⋯ 068
pfexec ⋯⋯⋯⋯⋯⋯⋯⋯⋯⋯⋯⋯⋯⋯⋯ 068
ping ⋯⋯⋯⋯⋯⋯⋯ 064, 065, 165 〜 167, 222
PostgreSQL ⋯⋯⋯⋯⋯⋯⋯ 037, 103, 238, 239
PowerBroker ⋯⋯⋯⋯⋯⋯⋯⋯⋯⋯⋯ 068
PowerShell ⋯⋯⋯⋯ 013, 057, 124, 125, 128, 139, 183, 195
Puppet ⋯⋯⋯⋯⋯⋯⋯⋯⋯⋯⋯⋯⋯⋯⋯ 011
PuTTY ⋯⋯⋯⋯⋯⋯⋯⋯⋯⋯⋯⋯⋯⋯⋯ 059
Python ⋯⋯⋯⋯⋯⋯ 012, 016 〜 018, 020, 021, 039, 045,
　　　　　069, 106, 150, 156, 175, 187, 206, 238, 250
pywinrm ⋯⋯⋯⋯⋯⋯⋯⋯⋯⋯⋯ 125, 132
RabbitMQ ⋯⋯⋯⋯⋯⋯⋯⋯⋯⋯⋯ 037, 239
RDS ⋯⋯⋯⋯⋯⋯⋯⋯⋯⋯⋯⋯⋯⋯⋯⋯ 174
Red Hat ⋯⋯⋯⋯⋯⋯⋯ 016, 038, 059, 236
Red Hat CloudForms ⋯⋯⋯⋯⋯ 250, 251
Red Hat Enterprise Linux ⋯⋯⋯⋯⋯ 045
Red Hat Insights ⋯⋯⋯⋯⋯⋯⋯ 246, 251
Red Hat Satellite ⋯⋯⋯⋯⋯⋯⋯ 250, 251
Red Hat Virtualization ⋯⋯⋯⋯⋯ 250, 251
REST API ⋯⋯⋯⋯⋯⋯⋯⋯⋯⋯⋯⋯⋯ 004
retry ファイル ⋯⋯⋯⋯⋯⋯⋯⋯⋯⋯⋯ 076
RFC ⋯⋯⋯⋯⋯⋯⋯⋯⋯⋯⋯⋯⋯⋯⋯⋯ 150
RHEL ⋯⋯⋯⋯⋯⋯⋯⋯⋯⋯⋯⋯⋯ 017, 132
Robocopy ⋯⋯⋯⋯⋯⋯⋯⋯⋯⋯⋯ 213, 214
RPM パッケージ ⋯⋯⋯⋯⋯ 059, 066, 079
runas ⋯⋯⋯⋯⋯⋯⋯⋯⋯⋯⋯⋯⋯⋯⋯ 068

S 〜 T
SCM ⋯⋯⋯⋯⋯⋯⋯⋯⋯⋯⋯ 245, 246, 251
SDN ⋯⋯⋯⋯⋯⋯⋯⋯⋯⋯⋯⋯⋯⋯⋯⋯ 146
SELinux ⋯⋯⋯⋯⋯⋯⋯⋯⋯ 099, 100, 239
shell ⋯⋯⋯⋯⋯⋯ 028, 037, 065, 079, 080, 099, 101, 106
Slack ⋯⋯⋯⋯⋯⋯⋯⋯⋯⋯⋯⋯⋯⋯⋯⋯ 037
Solaris ⋯⋯⋯⋯⋯⋯⋯⋯⋯⋯⋯⋯ 017, 068
Splunk ⋯⋯⋯⋯⋯⋯⋯ 151, 266, 267, 270, 271
SSH ⋯⋯⋯⋯ 002, 012, 013, 025, 032, 059, 064, 066, 069,
　　　　076, 086, 087, 119, 125, 128, 135, 148 〜 153,
　　　　181, 183, 190, 195, 203, 204, 251, 252
SSL 証明書 ⋯⋯⋯⋯⋯⋯⋯⋯⋯⋯⋯⋯⋯ 217
SSPI ⋯⋯⋯⋯⋯⋯⋯⋯⋯⋯⋯⋯⋯⋯⋯⋯ 133
ST ⋯⋯⋯⋯⋯⋯⋯⋯⋯⋯⋯⋯⋯⋯ 130, 131
Subversion ⋯⋯⋯⋯⋯⋯⋯ 037, 245, 246
sudo ⋯⋯⋯⋯⋯⋯⋯⋯⋯⋯⋯ 038, 067, 068
systemd ⋯⋯⋯⋯⋯⋯⋯ 037, 089, 090, 104

TCP ················· 125, 181	エラーハンドリング ················· 072
Tera Term ················· 005, 059	エンジニア ······· 002, 003, 005, 007, 146, 216, 231
Terraform ················· 011, 187	エンダーのゲーム ················· 014
TGT ················· 130, 131, 133	オーケストレーションツール ················· 016
	オースン・スコット・カード ················· 014
V ～ Z	オープンソースソフトウェア ················· 016, 236
Vagrant Box ················· 058	
Vagrantfile ········· 053, 058 ～ 060, 084, 159, 237	**か行**
vCenter ······· 206, 207, 216, 217, 219, 250, 251	拡張機能 ················· 022
VCS ················· 008	仮想化技術 ················· 002, 004
VirtualBox ········· 048 ～ 050, 053, 055, 057	仮想マシン ········· 048, 057 ～ 062, 066, 084, 085, 092,
Visual Studio Code ················· 022	172, 190 ～ 195, 197, 216 ～ 218, 220, 237
VM ················· 008, 048, 196, 201	可用性 ················· 004
vMotion ················· 216, 218	監視 ······· 002, 005, 037, 085, 098, 115, 119, 120
VMware Tools ················· 218	監視サーバー ········· 085, 086, 098, 115, 120
VMware vSphere ················· 002, 216, 218	機械学習 ················· 197
VPC ················· 186, 187	基本認証 ················· 127, 128, 134
VSCode ················· 022	キャッシュ ················· 130, 185, 205
VT-x ················· 048	局所的な自動化 ················· 005, 006
VyOS ················· 148, 158 ～ 168, 170	クラスタ管理 ················· 037
Webサーバー ········· 005, 012, 022, 033, 037,	クレデンシャル ········· 121, 175, 188, 236, 251
085 ～ 088, 089, 090, 093, 096, 098,	クローン ········· 066, 084, 086, 159
099, 104, 115, 117 ～ 120, 214, 216	継続的インテグレーション ········· 007 ～ 009, 220
whoami ················· 101	継続的デプロイメント ················· 009
Windows Server ····· 124, 125, 138, 140, 142, 143, 178	継続的デリバリー ········· 008, 009, 220
Windows Update ················· 138, 139, 212	権限委譲 ················· 129, 132
WinRM ········· 012, 069, 125, 127 ～ 130, 134, 135	権限昇格 ········· 038, 067 ～ 069, 252
WSUS ················· 212	コーディング規約 ········· 021, 022, 081, 233
YAML ····· 012, 020 ～ 022, 032, 034, 035, 089, 170	コードエディタ ················· 022
YouTube ················· 197	コネクションプラグイン ········· 024, 025, 068, 069,
yum ········· 005, 012, 020, 021, 025, 031, 037, 059,	086, 125, 148 ～ 150, 157
060, 066, 067, 070, 073, 074, 076 ～ 078,	コマンドラインインターフェイス ················· 148
080, 081, 088, 090, 095, 103, 104,	コマンドレット ········· 128, 129, 136, 139
116, 117, 132, 137, 221, 237, 238	コンテナ ···· 008, 068, 221, 224, 228, 236, 237, 239, 246
Zabbix ················· 037, 085, 086, 097 ～ 099,	コントロールノード ········· 017, 042, 085, 087, 089,
103 ～ 110, 112 ～ 118, 120	092, 093, 102, 116, 125, 128, 130, 132, 147,
	150, 156, 159, 161, 165, 166, 168, 175,
あ行	187 ～ 189, 196, 198, 203, 206, 218
アーシュラ・K・ル=グィン ················· 014	
アウトバウンド ················· 162, 163	**さ行**
アップデート ········· 003, 005, 013, 067, 138, 237	サーバーレス ················· 174
暗号化 ········· 037, 087, 121, 122, 128, 129, 134, 250	サービスイン ················· 002
アンシブル ················· 014	サービスプリンシパル ················· 189
依存関係 ················· 003, 137	再利用性 ················· 006, 094, 096
入れ子 ················· 041	シェルスクリプト ················· 005, 006
インスタンス ········· 002, 004, 005, 172, 173,	自己署名 ················· 135, 217
177 ～ 187, 201 ～ 205, 220, 221	辞書型 ················· 041
インスタンスフィルター ················· 186, 249	システム運用 ········· 002, 003, 005 ～ 007,
インタープリター ················· 045	010, 146, 176, 187
インデント ········· 021, 022, 076 ～ 078, 092	実験的 ················· 135
インバウンド ················· 162, 163	自動構成管理ツール ········· 009 ～ 011, 013, 016
インフラエンジニア ················· 233	シナリオ ················· 120, 221
インポート ········· 105, 106, 116, 117	修正パッチ ················· 139
うなぎのタレ ················· 003, 006	障害対応 ················· 002
エージェントレス ················· 011	条件分岐 ················· 072
エクストラ変数 ················· 069	照合順序 ················· 105
エッジルーター ················· 154	証明書認証 ················· 128, 129

Index

ジョブ ··············· 241, 243, 244, 247, 254, 255, 263
ジョブテンプレート ················· 236, 241, 243, 244,
252 〜 255, 259, 261, 263
シングルサインオン ··································· 266
スキーマファイル ····································· 106
スキルトランスファー ································ 233
スタティックな IT インフラ ·············· 002 〜 004
スタンドアロンインストーラー ··············· 139
ステージング環境 ····································· 009
正規表現 ·· 186
セキュリティサポートプロバイダーインターフェイス
·· 133
ソケット ·· 153

た行

ターゲットノード ··········· 017, 019 〜 021, 024, 038,
064, 065, 067 〜 069, 071
ターゲットホスト ········· 016, 019, 021, 045, 064, 069,
079, 086, 101, 149, 172, 185
ダイナミックインベントリ ··············· 172, 173, 175,
184 〜 188, 195, 198,
204 〜 207, 218 〜 220, 249, 250, 254
ダイナミックな IT インフラ ··············· 004, 009
タスクスケジューラー ································ 213
試し実行 ·· 078
チケット ··· 130 〜 133
定型化 ··· 005
抵抗勢力 ·· 230
ディレクティブ ······································· 026
データセンター ······································· 002
デプロイ ················· 004, 009, 012, 178, 183, 183,
187, 194, 196, 216, 218, 220, 237
手順書 ··············· 002, 004, 007, 019 〜 021, 085, 232
テンプレートエンジン ····················· 012, 106
ドキュメント ··········· 003, 004, 008, 018, 019, 026,
027, 036, 039, 040, 079, 080, 088,
098, 101, 105, 106, 118, 129, 137
ドメインコントローラー ········ 130, 133, 140, 141, 213
ドメインユーザー ··········· 128, 134, 139 〜 141, 213
ドライラン ··· 078

な行

名前解決 ····························· 032, 075, 076, 086
認証 ··········· 037, 068, 129, 130, 131, 133, 189, 201
認証情報 ············· 130, 133, 134, 140, 141, 149, 150,
188 〜 190, 201, 213, 236, 250 〜 252, 263
認証方式 ···························· 127 〜 130, 133 〜 135
ネットワーククレデンシャル ························ 252

は行

バージョン管理ツール ································ 007
パーミッション ················· 036, 089, 184, 185,
257, 258, 260, 261
パス ···················· 045, 069, 139, 157, 164, 217,
バックエンド ·· 103
パッケージマネージャー ··············· 018, 037, 059, 137
バッチファイル ······························ 139, 213, 214

パブリック DNS ······································· 186
パラメーターシート ················ 004, 007, 008, 019
ハンドラ ·· 100, 101
ビッグデータ ·· 197
秘伝のタレ ······································· 002, 003
ヒューマンエラー ····························· 003, 005, 211
平文 ·· 087, 121, 128, 190
ファイルサーバー ···························· 210, 212, 213
ファイルパス ······························· 087, 089, 214
負のループ ··· 003
プライベート IP アドレス ····················· 186, 201
プラグイン ······················ 016, 019, 038, 039,
042, 148, 150, 151, 201
ブラックリスト ······································· 164
プリンシパル ···································· 130, 189
プロキシ ··· 240
分散型データベース ·································· 174
文法エラー ································ 022, 076 〜 078
ベアメタル ··· 002
並列実行 ·· 069
冪等性 ······· 006, 013, 028, 037, 067, 071, 106, 154, 156
ポート ···················· 024, 103, 115, 125, 127, 128, 135
ポート番号 ······················ 024, 025, 059, 135, 239
ホストグループ ·········· 022, 023, 032, 033, 035, 036, 118
ホスト変数 ·········· 033 〜 035, 087, 109, 144, 249
ホワイトリスト ······································· 164

ま行、や行

マーフィーの法則 ····································· 003
マシンクレデンシャル ····················· 251, 252
ミドルウェア ···································· 003, 005
メタデータ ······························ 080, 203, 204
目録 ··· 031
文字エンコード ······································· 105
闇の左手 ·· 014

ら行、わ行

ライフサイクル ······································· 002
ライブラリ ······························ 003, 021, 250
ランタイム ··· 137
リスナー ··· 127
リファクタリング ····································· 232
リリース ·············· 002, 007, 009, 137, 220, 236
リレーショナルデータベース ··············· 174, 197
ループ ··· 003, 028 〜 031
レガシー ··· 002, 003
レルム ·· 133
連想配列 ·· 041
ローカルユーザー ···························· 128, 139, 264
ロール ··············· 043, 044, 079, 088, 091, 094 〜 097,
099, 101, 220 〜 224, 226, 229, 243, 261
ロジック ··· 013, 040
ワークフロー ···································· 254, 255
ワークフローエディター ······························ 254
ワークフロービジュアライザー ··············· 254, 255
ワンライナー ·· 065

275

● 著者プロフィール

八木澤 健人 (ひよこ大佐)
Twitter ID：@hiyoko_taisa

1990年8月8日生まれ。文系大学卒業後、誕生日に内定を貰ったことをきっかけに新卒でIT業界へ飛び込む。海外向けのグローバルサポート業務からSIチームに異動し、サーバーやネットワークのインフラ設計、構築などを担当。インフラエンジニアとして約5年勤務し、現在はTwitter転職を経てレッドハットのテクニカルサポートエンジニアとして、「Ansible Engine」および「Ansible Tower」のサポート業務を担当している。趣味は、PCゲームの「League of Legends」でサポートキャラとしてプレイすること、ロードバイクで走り回ること。

STAFF
● DTP： 本薗 直美 (株式会社アクティブ)
● 装丁： 新美 稔 (有限会社バランスオブプロポーション)
● 編集部担当： 西田 雅典

Ansible
構築・運用ガイドブック
インフラ自動化のための現場のノウハウ

2019年12月24日　初版第1刷発行

著者	八木澤 健人
発行者	滝口 直樹
発行所	株式会社マイナビ出版
	〒101-0003　東京都千代田区一ツ橋2-6-3 一ツ橋ビル 2F
	TEL：0480-38-6872 (注文専用ダイヤル)
	TEL：03-3556-2731 (販売)
	TEL：03-3556-2736 (編集)
	E-Mail：pc-books@mynavi.jp
	URL：http://book.mynavi.jp
印刷・製本	株式会社ルナテック

©2019 YAGISAWA, Kento, Printed in Japan
ISBN978-4-8399-6938-7

● 定価はカバーに記載してあります。
● 乱丁・落丁についてのお問い合わせは、TEL：0480-38-6872 (注文専用ダイヤル)、電子メール：sas@mynavi.jpまでお願いいたします。
● 本書は著作権法上の保護を受けています。本書の一部あるいは全部について、著者、発行者の許諾を得ずに、無断で複写、複製することは禁じられています。